監修 佐川 大三
（スタディサプリ講師）

高校入試
7日間完成

塾で教わる

中学3年分の総復習

理科

KADOKAWA

は じ め に

1日で2つの分野を学ぶこの本のねらい

この本は，7日間で中学理科の重要単元のポイントをおさえるために，1日で物理もしくは化学分野から2～3単元，生物もしくは地学分野から2～3単元を効率よく進めていく形式となっています。計算問題などが多い物理・化学と，暗記することや知識問題が多い生物・地学をバランスよく学習できます。

高校入試理科の攻略にあたって

高校入試理科については，物理・化学・生物・地学の4つの分野が出題範囲となりますが，私立高校もしくは都道府県の公立高校によって出題傾向は変わってきます。中学3年生の夏休み期間中は自分の苦手分野の克服に注力し，9月以降は過去問を解いて傾向をしっかりとつかむと同時に，生物や地学などの知識分野の総ざらいに注力しましょう。

この本の有効活用法

この本は4分野の中で特に重要な単元を，短期間で克服・総ざらいできる構造になっています。たとえば夏休み明けの実力テストの対策に向けて，実施日の一週間前からの総ざらいに役立てることもできます。

さらに夏休み中の苦手単元の克服→9月以降の知識単元の総ざらいが一通り終了した段階で，自分の現時点での実力を試すために，本書の「入試実戦」を解くことも非常に有効です。入試の一週間前からDAY 1～DAY 7の総ざらいを行うことによって，抜けていた単元の穴埋めに役立てることもできます。試験当日はミニブックを持って行って，重要事項の最終確認を行いましょう。

入試突破にむけて

中学理科を攻略するためにまず大切なことは，各分野の自分の苦手単元，抜けている部分を早期に見つけ出して克服していくことです。1つの分野，単元がとても苦手だからと目を背けるのではなく，まず向き合いましょう。この本には各分野，単元の中でも「ここはおさえましょう！」という部分を抜粋しています。克服に役立てていただければ幸いです。皆さん，自分の力を信じて全力で最後まで粘り強く頑張ってください！！

監修 佐 川 大 三

この本の使い方

この本は7日間で中学校で習う内容の本当に重要なところを，ざっと総復習できるようになっています。試験場で見返して，すぐに役立つような重要事項もまとめています。

この本は，各DAYごとにSTEP 1とSTEP 2で重要事項のインプットを，STEP 3とSTEP 4でインプットした内容をアウトプットすることによって定着度を高めていく形式となっています。定着度を確かめるための「入試実戦」にもチャレンジしましょう。

STEP 1	**基本問題**	1つ目のテーマの基本を確認しましょう。
STEP 2	**基本問題**	2つ目のテーマの基本を確認しましょう。
STEP 3	**練習問題**	1つ目のテーマの少し難易度が高い問題にチャレンジしましょう。
STEP 4	**練習問題**	2つ目のテーマの少し難易度が高い問題にチャレンジしましょう。
別冊	**解答・解説**	基本問題，練習問題の解答と解説が載っています。

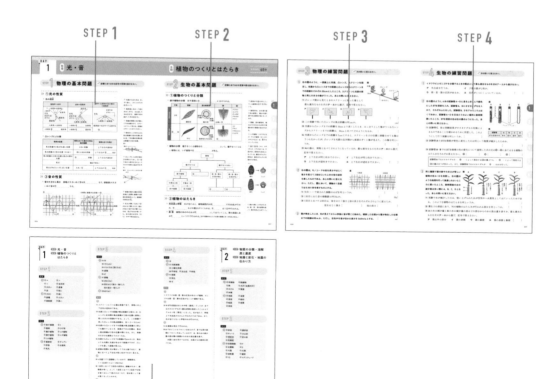

STEP 1 　　STEP 2 　　STEP 3 　　STEP 4

解答・解説

CONTENTS

〔本書に掲載している入試問題について〕
※本書に掲載している入試問題の解説は，KADOKAWAが作成した本書独自のものです。
※本書に掲載している入試問題の解答は，基本的に，学校・教育委員会が発表した公式解答ではなく，本書独自のものです。

装丁／chichols　編集協力／エデュ・プラニング合同会社　校正／多々良 拓也，株式会社鷗来堂　組版／株式会社フォレスト
図版／株式会社アート工房，有限会社熊アート

特 典 の 使 い 方

ミニブックの活用方法

この本についている直前対策ミニブックには，理科の重要ポイントを一問一答形式でまとめています。生物・地学・物理・化学の4分野から，重要な事項を中心に取り上げています。一問一答を解きながら，おさらいしていきましょう。

ミニブックは，切り取り線に沿って，はさみなどで切り取りましょう。

生物の重要ポイント❶

1	胚珠が子房に包まれている植物を何というか。
2	からだが葉・茎・根に分かれており，胞子をつくる植物のなかまを何というか。
3	子と親で呼吸のしかたが異なる脊椎動物を何というか。
4	内臓が外とう膜に包まれている無脊椎動物を何というか。
5	形やはたらきが同じ細胞が集まったものを何というか。
6	根で吸収した水や水にとけた肥料が通る管を何というか。
7	消化液に含まれ，食物を分解するはたらきをする物質を何というか。

001

生物の重要ポイント❶　解答解説

1	**被子植物**　子房がなく胚珠がむき出しになっている植物は裸子植物。
2	**シダ植物**　からだが葉・茎・根に分かれていない胞子をつくる植物はコケ植物。
3	**両生類**　子はえらと皮膚，親は肺と皮膚で呼吸する。
4	**軟体動物**　無脊椎動物のうち，からだが外骨格でおおわれているのは節足動物。
5	**組織**　組織が集まってきまったはたらきをするものを器官という。
6	**道管**　光合成によって葉でつくられた養分が通る管は師管。
7	**消化酵素**　アミラーゼ（だ液），ペプシン（胃液），トリプシン（すい液）などがある。

002

解きなおしPDFのダウンロード方法

この本をご購入いただいた方への特典として，この本のDAY 1〜DAY 7において，書きこみができる部分の誌面のPDFデータを無料でダウンロードすることができます。記載されている注意事項をよくお読みになり，ダウンロードページへお進みください。下記のURLへアクセスいただくと，データを無料でダウンロードできます。「特典のダウンロードはこちら」という一文をクリックして，ユーザー名とパスワードをご入力のうえダウンロードし，ご利用ください。

https://www.kadokawa.co.jp/product/322303001389/
ユーザー名 : sofukusyurika
パスワード : sofukusyu-rika7

〔注意事項〕
●パソコンからのダウンロードを推奨します。携帯電話・スマートフォンからのダウンロードはできません。
●ダウンロードページへのアクセスがうまくいかない場合は，お使いのブラウザが最新であるかどうかご確認ください。また，ダウンロードする前に，パソコンに十分な空き容量があることをご確認ください。
●フォルダは圧縮されていますので，解凍したうえでご利用ください。
●なお，本サービスは予告なく終了する場合がございます。あらかじめご了承ください。

物理 光・音

STEP 1 物理の基本問題

✓ 空欄にあてはまる記号や言葉を書きなさい。

》》①光の性質

○ 光の屈折

空気中→水中	水中→空気中	水中（入射角が大きい場合）→空気中
光 入射角＝反射角 入射光 空気 反射光 水または ガラス 屈折光 屈折角	屈折角 空気 水または ガラス 光 入射角＝反射角	水または ガラス 空気 入射角 ＝ 反射角
入射角＝反射角	入射角 ❶＿＿＿ 反射角	境界面で光がすべて反射する
入射角 ❷＿＿＿ 屈折角	入射角 ❸＿＿＿ 屈折角	…❹＿＿＿

○ 凸レンズによる像

物体の位置	物体と比べた像の大きさと像の種類	物体と比べた向き
焦点距離の2倍よりも遠い位置	小さい実像	上下左右が逆向き
焦点距離の2倍の位置（右の図1）	同じ大きさの実像	上下左右が ❼＿＿＿ 向き
焦点距離の2倍の位置と焦点の間の位置	❺＿＿＿ 実像	上下左右が逆向き
焦点	像はできない	
焦点よりも凸レンズに近い位置	大きい ❻＿＿＿	上下左右が ❽＿＿＿ 向き

》》②音の性質

○ 音の大きさと高さ　振幅が大きいほど音は❶＿＿＿＿＿＿なり，振動数が大きいほど音は❷＿＿＿＿＿＿なる。

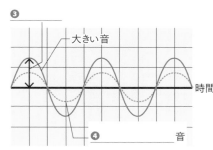

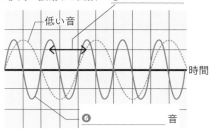

○ 光源から出た光は，まっすぐ進む。このことを光の直進という。

○ 境界面に向かって進む光は入射光，はね返った光は反射光，境界で折れ曲がった光は屈折光。

○ 実像は実際に光が集まってできる像なので，スクリーンにうつって見える。虚像はスクリーンにはうつらない。

○ 物体がレンズの中心から焦点距離の2倍の位置にあるとき，できる像の位置は焦点距離の2倍の位置。

図1

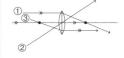

○ 凸レンズに入る光の進み方を押さえておく。①〜③で光の入射の仕方によって，それぞれ異なる進み方をする。

図2　凸レンズに入る光の進み方

○ 振動の振れる幅を振幅，音源が1秒間に振動する回数を振動数という。振動数の単位はHz。

○ 花火が開いたあとで音がおくれて聞こえたり，稲光が見えた後で音が聞こえるのは，音よりも光が速いから。音の速さは空気（15℃）の中で約340m/s。

植物のつくりとはたらき

STEP 2 生物の基本問題

✔ 空欄にあてはまる言葉や数を書きなさい。

>> ①植物のつくりと分類

○ **被子植物の分類** 双子葉類と❶_____に分けられる。

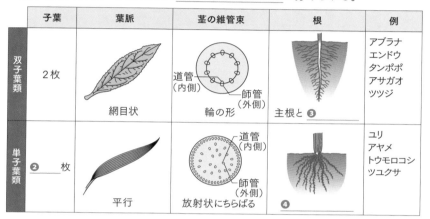

	子葉	葉脈	茎の維管束	根	例
双子葉類	2枚	網目状	道管（内側）師管（外側）　輪の形	主根と❸_____	アブラナ エンドウ タンポポ アサガオ ツツジ
単子葉類	❷____枚	平行	道管（内側）師管（外側）　放射状にちらばる	❹_____	ユリ アヤメ トウモロコシ ツユクサ

○ **植物の分類** 種子をつくる植物を❺_____という。種子をつくらない植物には，シダ植物や❻_____がある。

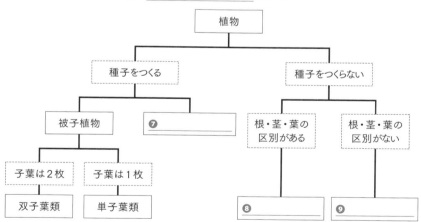

植物
├ 種子をつくる
│　├ 被子植物
│　│　├ 子葉は2枚 → 双子葉類
│　│　└ 子葉は1枚 → 単子葉類
│　└ ❼_____
└ 種子をつくらない
　├ 根・茎・葉の区別がある → ❽_____
　└ 根・茎・葉の区別がない → ❾_____

>> ②植物のはたらき

○ **光合成と呼吸** 光が当たると，植物細胞内の❶_____で光合成が行われ，❷_____などの養分がつくられる。❸_____は1日中行われる。

○ **蒸散** 植物の体の中の水が❹_____として出ていくこと。葉の表面にある❺_____という穴で行われる。（双子葉類のほとんどは葉の裏側に多くの気孔がある。）

○ 胚珠が子房の中に入っている植物を被子植物という。

○ 維管束は，水の通り道である道管と，養分の通り道である師管が束になったもの。

○ 葉脈，茎の維管束，根のようすがわかれば双子葉類か単子葉類か見分けられる。

○ シダ植物（イヌワラビなど）やコケ植物（ゼニゴケ，スギゴケなど）は，胞子をつくってふえる。

○ 裸子植物（マツ，スギ，イチョウ，ソテツなど）は，子房がなく，胚珠がむき出しになっている。雌花のりん片に胚珠が，雄花のりん片に花粉のうがある。

マツ

雌花 → りん片

雄花 → りん片

○ 根から吸い上げられた水は，根・茎・葉の道管を通って，葉の気孔から出ていく。

1 右の図のように，一直線上に光源，凸レンズ，スクリーンを固定し，光源から凸レンズまでの距離と凸レンズからスクリーンまでの距離をそれぞれ**30cm**にしたところ，スクリーンに光源の実物と同じ大きさの像がうつった。あとの問いに答えなさい。

図

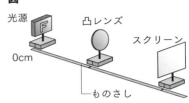
光源　凸レンズ　スクリーン
0cm
ものさし

(1) 凸レンズ側から見たときのスクリーンに映った像として最も適当なものを次の**ア～エ**から選び，記号で答えなさい。

ア 　イ 　ウ 　エ

[　　　]

(2) この実験で用いた凸レンズの焦点距離は何cmか。　　　[　　　cm]

(3) 光源から凸レンズまでの距離を30cmより長くしたとき，はっきりとした像がうつる凸レンズからスクリーンまでの距離は，30cmと比べてどのようになるか。　[　　　　]

(4) 光源から凸レンズまでの距離を5cmにすると，スクリーンをどの位置に移動させても像はうつらなかったが，凸レンズを光源の反対側から直接のぞくと像が見えた。この像を何というか。　[　　　　]

(5) (4)の像は，実物と比べてどのようになっているか。最も適当なものを次の**ア～エ**から選び，記号で答えなさい。

ア 上下左右が同じ向きで小さい。　　**イ** 上下左右が同じ向きで大きい。

ウ 上下左右が逆向きで小さい。　　**エ** 上下左右が逆向きで大きい。　[　　　]

2 右の図は，モノコードの弦を長さやはじく強さを変えて**2**回はじいたときの音の波形を表したものである。あとの問いに答えなさい。ただし，図において，横軸の**1**目盛りは**0.001**秒を表すものとする。

図

1回目　　　　　　　2回目

 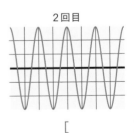

(1) 矢印 ⟷ で表された振動のはばを何というか。　　[　　　　]

(2) 1回目に出た音の振動数は何Hzか。　　[　　　Hz]

(3) 1回目と比べて2回目は，弦をはじく強さと弦の長さをそれぞれどのように変えたか。

弦をはじく強さ [　　　　]　　弦の長さ [　　　　]

3 雷が発生したとき，光が見えてから**6**秒後に音が聞こえ始めた。観察した位置から雷が発生した位置までの距離は何**m**か。ただし，空気中を音が伝わる速さを**340m/s**とする。　[　　　m]

生物の練習問題　✓ 次の問いに答えなさい。

1 **イヌワラビとゼニゴケを分類するときの観点として最も適当なものを次のア～エから選びなさい。**

　ア　光合成を行うか。　　　　　　**イ**　子葉の数が2枚か。

　ウ　根・茎・葉の区別があるか。　**エ**　花弁が1つにくっついているか。　　　[　　　　　]

2 **右の図のように,4本の試験管A～Dに息をふきこんで緑色にしたBTB溶液を入れ,試験管A,Bにオオカナダモを入れて,それぞれふたをした。試験管B,Dをアルミニウムはくでおおい,試験管A～Dを日当たりのよい場所に数時間置いたところ,BTB溶液の色は右の表のようになった。あとの問いに答えなさい。**

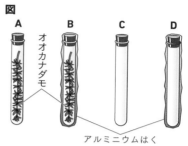
図

表

試験管	A	B	C	D
BTB溶液の色	青色	黄色	緑色	緑色

(1) 試験管**C,D**は実験結果がオオカナダモの有無によるものであることを確かめるために用意した。このようにして行う実験を何というか。　[　　　　　　　　]

(2) 試験管**A**のBTB溶液が青色に変化したのは何という物質が減少したためか。

[　　　　　　　　　　　]

(3) 試験管**A・B**でのBTB溶液の色の変化について説明した次の文の**❶**～**❸**にあてはまる植物のはたらきをそれぞれ答えなさい。　**❶**[　　　　　]　**❷**[　　　　　]　**❸**[　　　　　]

> 試験管**A**ではオオカナダモの（　**❶**　）によって放出する(**2**)の量よりも,（　**❷**　）によって吸収する(**2**)の量のほうが多かった。また,試験管**B**ではオオカナダモが（　**❸**　）のみを行った。

3 **同じ種類で葉の数や大きさが等しい植物の枝A～Dを用意し,右の図のような処理を行って風通しのよいところに置いたところ,数時間後の水の減少量は多い順にA,B,C,Dとなった。あとの問いに答えなさい。**

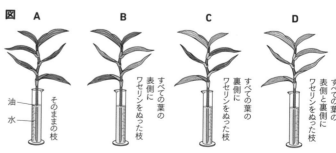
図

(1) 実験で水が減少したのは,吸い上げられた水が空気中へ水蒸気として出ていったためである。このような植物のはたらきを何というか。　　　　　　　　　　　　[　　　　　　　]

(2) 葉などの表面にあり,(1)の植物のはたらきが行われる部分を何というか。　[　　　　　　　]

(3) **A**の水の減少量と**B**の水の減少量の差はどの部分からの水の放出量を表すか。最も適当なものを次の**ア～エ**から選び,記号で答えなさい。

　ア　葉以外の部分　　**イ**　葉の表側　　**ウ**　葉の裏側　　**エ**　葉の表側と裏側　[　　　　]

STEP 1 化学の基本問題 ✓ 空欄にあてはまる言葉を書きなさい。

>> ①物質の性質

○ **有機物と無機物** 炭素をふくむ物質を❶＿＿＿＿＿＿＿＿，それ以外の物質を

❷＿＿＿＿＿＿＿＿という。

○ **金属の性質**

電気や❸＿＿＿＿＿が
伝わりやすい。

みがくと❹＿＿＿＿＿が
出る。

たたくと広がり，引っ張る
と❺＿＿＿＿＿。

○ **密度**

$$密度〔g/cm^3〕 = \frac{物質の❻＿＿＿＿＿〔g〕}{物質の❼＿＿＿＿＿〔cm^3〕}$$

○ 有機物を燃やすと二酸化炭素と水が発生する。

○ 炭素や二酸化炭素は無機物。

○ 金属以外の物質を非金属という。

○ たたくと広がる性質を展性，引っ張るとのびる性質を延性という。

○ 密度は，物質の種類によって決まった値となる。

各物質の密度

物 質	密度〔g/cm³〕
金	19.32
銅	8.96
鉄	7.87
アルミニウム	2.70
氷（0℃）	0.92
水（4℃）	1.00
エタノール	0.79

>> ②水溶液の性質

○ **水溶液** 水に物質が溶けた液体。

❶＿＿＿…物質
を溶かしている液体

❷＿＿＿…溶け
ている物質

❸＿＿＿…溶質
が溶媒に溶けた液

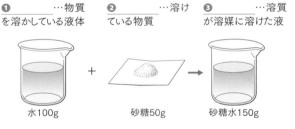

水100g ＋ 砂糖50g → 砂糖水150g

○ **溶解度** 水100gに溶ける物質の最大量〔g〕。物質が限度まで溶けている状態

を❹＿＿＿＿＿という。

○ **再結晶** 一度溶かした物質を温度を下げたり，溶媒を蒸発させたりして再び

❺＿＿＿＿＿としてとり出すこと。

○ **質量パーセント濃度**

$$質量パーセント濃度〔\%〕 = \frac{❻＿＿＿＿＿の質量〔g〕}{❼＿＿＿＿＿の質量〔g〕} \times 100$$

○ 水溶液は濃さが均一の透明な液体で，色がついたものもある（硫酸銅水溶液など）。

○ 溶媒が水の溶液を水溶液という。

○ 溶液の質量＝溶媒の質量＋溶質の質量

○ 溶解度は物質の種類によって決まっていて，ふつうは温度が高くなるほど大きくなる。

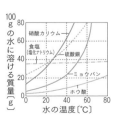

STEP 2 地学の基本問題

✓ 空欄にあてはまる言葉や数を書きなさい。

>> ①堆積岩と火成岩

◯ 堆積岩の分類

れき岩	❶＿＿＿＿	泥岩	❷＿＿＿＿	石灰岩	❸＿＿＿＿
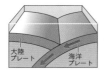 1mm	1mm	2mm	1mm	1mm	5mm
れきが堆積してできた。	砂が堆積してできた。	泥が堆積してできた。	火山灰などが堆積してできた。	生物の死がいが堆積してできた。	

◯ 火成岩の分類　マグマが冷えてできた岩石を火成岩といい，マグマが地表近く
で急に冷え固まってできた火成岩を❹＿＿＿＿＿＿，マグマが地下深くでゆっ
くりと冷え固まってできた火成岩を❺＿＿＿＿＿＿という。

火山岩	流紋岩	❻＿＿＿＿	玄武岩
深成岩	❼＿＿＿＿	閃緑岩	斑れい岩
岩石の色	白っぽい ⟸⟹		黒っぽい
マグマのねばりけ	大 ⟸⟹		小

>> ②地震

◯ 地震のゆれ　はじめの小さなゆれは❶＿＿＿＿＿＿。❷＿＿＿＿＿
伝わる。あとに続く大きなゆれは❸＿＿＿＿＿＿。❹＿＿＿＿＿波によって伝わる。

◯ 地震が発生するしくみ

・海溝型地震　　　　震源付近の海水が持ち上げられて津波が発生することもある。

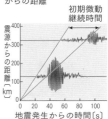

海洋プレートが❺＿＿＿＿＿プレートの下に沈みこむ。	大陸プレートが引きずられ，ひずみが生じる。	❻＿＿＿＿＿プレートがはね上がり，地震が発生する。

・内陸型地震…くり返しずれが生じる可能性がある断層を❼＿＿＿＿＿＿とよ

び，この断層のずれによって発生する地震。

◯ 震度とマグニチュード　地震のゆれの程度を❽＿＿＿＿＿とよび，0〜7までの

❾＿＿＿＿段階で表す（5,6には弱と強がある）。地震の規模は❿＿＿＿＿＿で表す。

◯ 地層のでき方
粒の小さなものほど河口から遠くへ運ばれて堆積する。

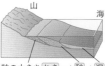

粒の大きさ れき ➡ 砂 ➡ 泥

◯ 石灰岩にうすい塩酸をかけると二酸化炭素が発生するが，チャートにうすい塩酸をかけても変化しない。

◯ 火山岩は，石基と斑晶からなる斑状組織をもつ。深成岩は同じくらいの大きさの鉱物の結晶が組み合わさった等粒状組織をもつ。

石基　　　斑晶　　　結晶
火山岩の　　　　深成岩の
斑状組織　　　等粒状組織

◯ P波とS波は同時発生するが，P波の方が伝わる速さが速くゆれは小さい（縦波）。

◯ P波とS波の到達時刻の差を初期微動継続時間といい，震源から遠いほど初期微動継続時間は長い。

初期微動継続時間と震源からの距離

◯ マグニチュードが2増えるとエネルギーは1000倍になる。

1 電子てんびんで小片Pの質量を測定したあと，水50.0cm³の入ったメスシリンダーに小片Pを沈め，体積を調べた。図はこのときのメスシリンダーの水面を表したものである。小片Q～Tについても小片Pと同様に質量と体積を調べた。ただし，小片が水に浮いてしまう場合は，細い針金で押して沈めた。表は結果の一部をまとめたものである。あとの問いに答えなさい。

小片	P	Q	R	S	T
質量〔g〕	5.53	3.78	6.24	4.62	5.85
体積〔cm³〕		4.2	6.5	3.3	6.5

(1) 小片Pの体積は何cm³か。 [cm³]

(2) 小片Rの密度は何g/cm³か。 [g/cm³]

(3) 同じ物質でできている小片をP～Tから2つ選び，記号で答えなさい。 [   ]

(4) 同じ質量で比べたとき，体積が2番目に小さい小片をP～Tから選び，記号で答えなさい。ただし，(3)の2つの同じ物質でできている小片が2番目である場合はそのどちらも答えなさい。 [   ]

2 次の実験について，あとの問いに答えなさい。(3)(4)は小数第2位を四捨五入しなさい。

〔実験1〕ビーカーA，Bに10℃の水を100gずつ入れ，ビーカーAには塩化ナトリウムを30g，ビーカーBには硝酸カリウムを30g加えてそれぞれよくかき混ぜたところ，一方のビーカーではすべて溶けたが，もう一方のビーカーでは溶け残った。

〔実験2〕ビーカーC，Dに60℃の水を50gずつ入れ，ビーカーCには塩化ナトリウムを，ビーカーDには硝酸カリウムをそれぞれ溶かせるだけ溶かした。

〔実験3〕実験2のあと，ビーカーC，Dを0℃までゆっくりと冷やしたところ，両方のビーカーで結晶が現れた。

表は，塩化ナトリウムと硝酸カリウムの溶解度をまとめたものである。

水の温度〔℃〕	0	10	20	40	60	80
塩化ナトリウム	37.6	37.7	37.8	38.3	39.0	40.0
硝酸カリウム	13.3	22.0	31.6	63.9	109.2	168.8

(1) 下線部で溶け残った質量は何gか。 [g]

(2) 実験2のように，物質を溶かせるだけ溶かした水溶液を何というか。 [   ]

(3) 実験2のビーカーCにできた水溶液の質量パーセント濃度は何%か。 [%]

(4) 実験3で現れた結晶の質量が大きいのはどちらのビーカーか。また，そのビーカー内でできた結晶の質量は何gか。 ビーカー[   ] 質量[g]

1 次の表は, 5種類の岩石標本 **A～E** のつくりを観察した結果をまとめたものである。あとの問いに答えなさい。ただし, **A～E** は玄武岩, 石灰岩, れき岩, 花こう岩, 泥岩のいずれかである。

	A	B	C	D	E
スケッチ	1mm		2mm		1mm
気づいたこと	全体的に灰色っぽい色をしていて, ₐ化石がふくまれていた。	♭同じくらいの大きさの結晶が組み合わさったつくりをしていた。	非常に小さく丸みを帯びた粒でできていた。	非常に小さな粒の間に꜀比較的大きな結晶が散らばったつくりをしていた。	直径2mm以上の丸みを帯びた粒でできていた。

(1) 下線部 **a** の化石を詳しく調べると, フズリナの化石であることがわかった。**A** はいつ頃できた岩石とわかるか。最も適当なものを次の**ア～ウ**から選び, 記号で答えなさい。

　ア 古生代　　**イ** 中生代　　**ウ** 新生代　　　　　　　　　　[　　　　]

(2) 下線部 **b** のような岩石のつくりを何というか。　　　　　　　[　　　　　　　]

(3) **B** にふくまれていた結晶の1つをさらに詳しく調べたところ, 白色で柱状の形をしていた。この結晶として最も適当なものを次の**ア～エ**から選び, 記号で答えなさい。

　ア クロウンモ　**イ** カクセン石　**ウ** カンラン石　**エ** チョウ石　[　　　]

(4) 下線部 **c**, **d** をそれぞれ何というか。　　　　c [　　　　]　　d [　　　　]

(5) **B**, **C**, **E** にあてはまる岩石として最も適当なものを次の**ア～オ**からそれぞれ1つずつ選び, 記号で答えなさい。　　　　　　　B [　　　]　C [　　　]　E [　　　]

　ア 玄武岩　　**イ** 石灰岩　　**ウ** れき岩　　**エ** 花こう岩　　**オ** 泥岩

2 次の表は, 日本付近で発生したある地震について, 地点 **A～D** の震源からの距離, P波, S波の到達時刻をまとめたものである。あとの問いに答えなさい。ただし, 地震の波は一定の速さで伝わるものとする。

地点	震源からの距離〔km〕	P波の到達時刻	S波の到達時刻
A	42	2時34分57秒	**Z**
B	84	**Y**	2時35分19秒
C	**X**	2時35分06秒	2時35分26秒
D	147	2時35分12秒	2時35分40秒

(1) P波によって伝わるゆれを何というか。　　　　　　　　　　　[　　　　　　　]

(2) S波の伝わる速さは何km/sか。　　　　　　　　　　　　[　　　　　km/s]

(3) **X** にあてはまる距離は何kmか。　　　　　　　　　　　　[　　　　　km]

(4) **Y**, **Z** にあてはまる時刻はそれぞれ2時何分何秒か。

　　　　　　Y [　2時　　　分　　　秒]　　**Z** [　2時　　　分　　　秒]

物理 **電流のはたらき**

STEP 1 物理の基本問題 ✓ 空欄にあてはまる言葉や記号,式を書きなさい。

》① 電流の性質

○ **オームの法則** 回路を流れる電流の大きさは, ❶＿＿＿＿＿ の大きさに比例する。

電圧〔V〕＝❷＿＿＿＿〔Ω〕×電流〔A〕

○ 抵抗のつなぎ方と回路全体の抵抗

・抵抗の直列つなぎ

全体の抵抗

R
R_1 R_2

回路全体の抵抗 $R = R_1$ ❸＿＿＿ R_2

・抵抗の並列つなぎ

全体の抵抗

R
R_1
R_2

回路全体の抵抗の逆数 $\dfrac{1}{R} = \dfrac{1}{R_1} + $ ❹＿＿＿

○ 電流による発熱

・電力〔W〕＝❺＿＿＿＿〔V〕×電流〔A〕

・熱量〔J〕＝電力量〔J〕＝電力〔W〕×❻＿＿＿＿〔s〕

※電力量〔kwh〕＝電力〔kw〕×時間〔h〕

○ 電流の流れにくさを**抵抗**（電気抵抗）という。

○ 電圧をV, 抵抗をR, 電流をIとすると, 次の式で表される。

$V = RI$, $I = \dfrac{V}{R}$, $R = \dfrac{V}{I}$

○ 並列回路全体の抵抗は, ひとつひとつの抵抗よりも小さくなる。

○ 1秒あたりに消費する電気エネルギーの大きさを**電力**〔W〕という。

○ 熱量と電力量を求める式は同じ。熱量や電力量を〔J〕で求めるとき, 時間の単位は秒(s)であることに注意!

》② 電流と磁界(じかい)

○ **電流が磁界から受ける力** ❶＿＿＿＿

の向きもしくは磁界の向きを逆にすると, 導線にはたらく力の向きは逆になる。

○ **フレミングの左手の法則** 左手の人さし指を❷＿＿＿＿の向き, 中指を

❸＿＿＿＿の向きとすると, 親指の向きは❹＿＿＿＿の向きとなる。

○ **電磁誘導**(でんじゆうどう) 磁石やコイルを動かすことで, コイル内部の❺＿＿＿＿が変化して

電圧が生じること。このとき流れる電流を❻＿＿＿＿という。

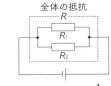

導線が磁界から受ける力

フレミングの左手の法則

磁界
力
電流
左手

コイルのQ点が受ける力の向き｜コイルを流れる電流の向き｜磁石による磁界の向き

○ フレミングの左手の法則では, 左手の人さし指, 中指, 親指はたがいに垂直になるように開く。

○ コイル内に生じる磁界の向きは, 右手の4本の指で電流の向きにコイルをにぎったときの親指の向きで表される。

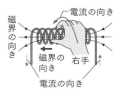

電流の向き
磁界の向き
磁界の向き
右手
電流の向き

○ 電磁誘導では, 磁石の極と電流の向きのどちらも逆にすると, 電流の向きは同じになる。

電磁誘導のしくみ

S極を近づける
電流の向き S
磁石の極を逆にする。
S極
N極
電流の向きは❼＿＿＿＿になる。

N極を近づける
電流の向き N
磁石を動かす向きを逆にする。
N極
S極

N極を遠ざける
電流の向き N
S極
N極
電流の向きは逆になる。

STEP 2 生物の基本問題

✓ 空欄にあてはまる言葉を書きなさい。

》①無脊椎動物

○ **節足動物**　からだの外側が外骨格でおおわれ，からだやあしに❶＿＿＿＿＿がある動物。エビやカニなどの❷＿＿＿＿＿＿＿，カブトムシやバッタなどの❸＿＿＿＿＿＿＿，クモ（クモ類）やヤスデ（多足類）などがある。

ザリガニのからだのつくり

第一触角　第二触角　頭胸部　❹　目
口
腹脚
歩脚（5対）

バッタのからだのつくり

触角　頭部　❺　腹部　はね（2対）
目
口
あし（3対）
気門

○ **軟体動物**　からだやあしに節がなく，内臓が❻＿＿＿＿＿＿＿で包まれている動物。アサリのような貝のなかまは，外とう膜を❼＿＿＿＿＿がおおっている。イカやアサリのように水中で生活するものは❽＿＿＿＿＿で呼吸し，マイマイのように陸上で生活するものは❾＿＿＿＿＿で呼吸する。

アサリの体のつくり

貝柱　❿　貝柱
出水管
えら
あし
入水管

○ **その他の無脊椎動物**　ミミズ，ヒトデやウニ，クラゲなど。

> ○ 背骨をもたない動物を無脊椎動物という。
>
> ○ 外骨格の内側には筋肉がついている。
>
> ○ 節足動物は，脱皮して古い外骨格をぬぎ捨てて成長するものが多い。
>
> ○ 甲殻類はからだが頭胸部と腹部の2つの部分に分かれている。
>
> ○ 昆虫類はからだが頭部・胸部・腹部の3つの部分に分かれていて，胸部にあしが3対ある。胸部と腹部にある気門から空気をとり入れて，気管で呼吸している。
>
> ○ 軟体動物の多くは水中で生活している。

》②脊椎動物

○ **脊椎動物**　魚類，❶＿＿＿＿＿＿＿，は虫類，鳥類，哺乳類に分けられる。

	魚類	両生類	は虫類	鳥類	哺乳類
生活場所	水中	子は水中，親は陸上	陸上		
移動器官	❷	子はひれ，親はあし	あし		
生まれ方		❸			胎生
		殻がない	殻が❹		
呼吸器官	えら	子はえらと皮膚，親は，❺＿＿＿＿と皮膚	肺		
体表	うろこ	湿った皮膚	うろこ	❻	体毛
動物の例	メダカ，サケ　など	カエル，イモリ，サンショウウオなど	トカゲ，ヘビ，ワニ，ヤモリ，カメなど	ハト，スズメ　など	サル，イヌ，クジラなど

> ○ 背骨をもつ動物を脊椎動物という。
>
> ○ 子が母親の体内である程度育ってから生まれる生まれ方を胎生という。
>
> ○ 両生類は，子と親で生活場所や移動器官，呼吸器官などが変わる。
>
> ○ は虫類と鳥類の卵にはかたい殻があるので，卵の内部を乾燥から守ることができる。

1 電流の性質について調べるために，次の実験を行った。あとの問いに答えなさい。

〔実験1〕図1の電熱線aを図2の端子X，Y間につなぎ，電圧計と電流計の示す値を調べた。表は結果をまとめたものである。

〔実験2〕図3のように電熱線a，bをつないだものを図2の端子X，Y間につなぎ，電圧計が3.0Vを示すようにしたところ，電流計は40mAを示した。

〔実験3〕図4のように電熱線a，bをつないだものを図2の端子X，Y間につなぎ，電圧計が6.0Vを示すようにした。

図1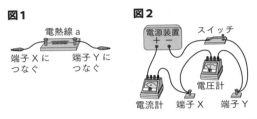

図2

電圧〔V〕	1.0	2.0	3.0	4.0	5.0
電流〔mA〕	20	40	60	80	100

図3　図4

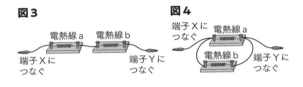

(1) 表から，回路を流れる電流の大きさは電圧の大きさに比例していることがわかる。このような法則を何というか。　[　　　　　]

(2) 電熱線aの抵抗は何Ωか。　[　　　Ω]

(3) 実験2で回路全体の抵抗は何Ωか　[　　　Ω]

(4) 実験2で電熱線bに加わる電圧は何Vか。　[　　　V]

(5) 実験3で電熱線aに流れる電流は，電熱線bに流れる電流の何倍か。　[　　　倍]

2 抵抗が4Ωの電熱線Pと，室温と同じ温度の水100gを入れた発泡ポリスチレンのコップを用いて図1のような回路をつくり，電源装置の電圧を6.0Vにして電流を流して，1分ごとの水の上昇温度を調べた。また，電熱線Pを抵抗が6Ωの電熱線Qにかえて，同様に水の上昇温度を調べた。図2はその結果をまとめたグラフである。あとの問いに答えなさい。

図1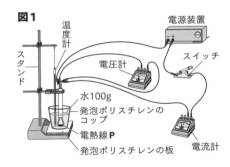

(1) 図2より，電流を流す時間と水の上昇温度の間にはどのような関係があるとわかるか。　[　　　　　]

(2) 電熱線Pが消費する電力は何Wか。　[　　　W]

(3) 電熱線Qを用いて電流を8分間流したとき，水の上昇温度は何℃であるか。　[　　　℃]

(4) 電流を3分間流したとき，電熱線Pから発生する熱量は何Jか。　[　　　J]

図2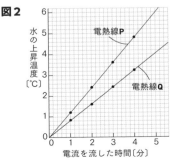

3 図のように，検流計とコイルを導線でつなぎ，N極を下にして棒磁石を矢印の向きでコイルに近づけたところ，検流計の針が左側に振れた。あとの問いに答えなさい。

(**1**) 図で検流計の針が振れたのは，棒磁石を近づけたことによってコイルに電圧が生じたためである。このような現象を何というか。　[　　　　　　　]

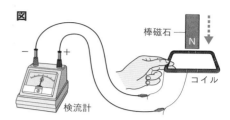
図
棒磁石
N
コイル
検流計

(**2**)(**1**)で流れる電流を何というか。[　　　　　　　]

(**3**) S極を下にして棒磁石を矢印の向きでコイルに**図**の実験のときより速く近づけると，検流計の針が振れる向きは左側と右側のどちらになるか。また，針の振れる大きさはどのようになるか。　　向き[　　　]　大きさ[　　　　]

STEP 4 生物の練習問題　✓ 次の問いに答えなさい。

1 次の図は，ウサギ，ハト，ヘビ，カエル，メダカ，カニ，アサリ，クラゲをいくつかの観点によって分類したものである。あとの問いに答えなさい。

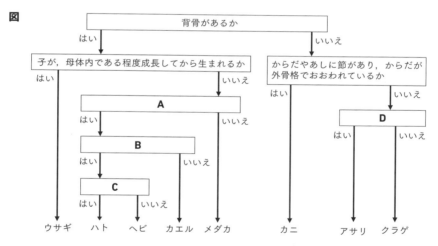

図
背骨があるか
　はい　　　　　　　　　　　　　　　　　　いいえ
子が，母体内である程度成長してから生まれるか　／　からだやあしに節があり，からだが外骨格でおおわれているか
はい　　　　　　いいえ　　　　　　　　　　はい　　　　いいえ
A　　　　　　　　　　　　　　　　　　　　　　　　　　D
はい　　　　　　いいえ　　　　　　　　　　　　はい　　　いいえ
B
はい　　　　いいえ
C
はい　　　いいえ
ウサギ　ハト　ヘビ　カエル　メダカ　　カニ　　アサリ　クラゲ

(**1**) ウサギのように，子が母体内である程度成長してから生まれる生まれ方を何というか。

[　　　　　　　]

(**2**) 図の**A～D**にあてはまる観点を次の**ア～エ**からそれぞれ1つずつ選び，記号で答えなさい。

ア 体が羽毛でおおわれているか　　**イ** 内臓が外とう膜でおおわれているか

ウ 殻のある卵をうむか　　**エ** 肺で呼吸する時期があるか

A[　　]　B[　　　]　C[　　　]　D[　　　]

(**3**) 図のように分類したとき，カニのなかまを何というか。　　　　[　　　　類]

(**4**) 図のように分類したとき，ヘビと同じなかまに分類できる動物（この場合は「は虫類」と分類できる動物）として最も適当なものを次の**ア～エ**から1つ選び，記号で答えなさい。

ア サケ　**イ** ワニ　**ウ** イカ　**エ** オオサンショウウオ　　　　[　　　]

化学 原子と分子・化学変化

STEP 1 化学の基本問題 ✓ 空欄にあてはまる言葉や式，数を書きなさい。

≫ ①物質をつくるもの

○ **原子と分子** 物質をつくる最小の粒子を❶＿＿＿＿＿といい，いくつかの❶が結びついてできるその物質の性質を示す最小の粒子を❷＿＿＿＿＿という。

○ **元素の示し方** 原子の種類を記号で表したものを❸＿＿＿＿＿＿＿という。

元素	元素記号	元素	元素記号
水素	H	硫黄	S
炭素	❹	アルミニウム	❽
窒素	N	鉄	❾
❺	O	銅	Cu
ナトリウム	❻	❿	Zn
❼	Cl	⓫	Mg

○ **単体と化合物** 1種類の元素からできている物質を⓬＿＿＿＿＿，2種類以上の元素からできている物質を⓭＿＿＿＿＿という。

○ 原子には，次の3つの性質がある。

・化学変化でそれ以上分けることができない。

・化学変化によってなくなったり，新しくできたり，種類が変わったりしない。

・質量や大きさは種類によって決まっている。

◎ 単体と化合物は，さらに分子をつくる物質と分子をつくらない物質に分けることができる。

	分子からできている物質	分子をつくらない物質
単体	窒素N₂ 酸素O₂ 水素H₂	銀Ag 鉄Fe カルシウムCa ナトリウムNa
化合物	二酸化炭素 水 CO₂ H₂O アンモニアNH₃	塩化ナトリウム NaCl 酸化銅CuO 酸化銀Ag₂O 硫化鉄FeS

≫ ②化学変化

○ **分解** 1種類の物質が❶＿＿＿＿＿種類以上の物質に分かれる化学変化。

・炭酸水素ナトリウムの熱分解　$2NaHCO_3 \rightarrow$ ❷＿＿＿＿＿＿$+ CO_2 + H_2O$

・酸化銀の熱分解　$2Ag_2O \rightarrow$ ❸＿＿＿＿＿$+ O_2$

・水の電気分解　$2H_2O \rightarrow 2H_2 +$ ❹＿＿＿＿＿

○ **酸化** 物質が❺＿＿＿＿＿と結びつく化学変化。

○ **還元** 酸化物が❻＿＿＿＿＿を失う化学変化。

・酸化銅の炭素による還元　$2CuO + C \rightarrow$ ❼＿＿＿＿＿$+ CO_2$

◎ 加熱による分解を熱分解，電気による分解を電気分解という。

◎ 光や熱を出しながら激しく酸素と結びつく酸化を燃焼という。

◎ 酸化と還元は同時に起こる。

≫ ③質量保存の法則

○ **質量保存の法則** 化学変化の前後でその反応に関係している物質全体の❶＿＿＿＿＿は変化しないという法則。

STEP 2 地学の基本問題

✓ 空欄にあてはまる言葉や数を書きなさい。

≫ ①空気中の水蒸気

○ **飽和水蒸気量**　1m³の空気がふくむことのできる❶_____の最大量。温度によって異なり，気温が高いほど多い。単位はg/m³。

○ **露点**　空気中の水蒸気が❷_____に変わり始める温度。

○ **湿度**　湿度〔%〕= $\dfrac{空気1m³中にふくまれる水蒸気量〔g/m³〕}{その気温での ❸\underline{\hspace{3em}} 〔g/m³〕}$ × 100

湿度❹_____ ％

気温が高くなるほど飽和水蒸気量は❺_____なる。

○ 水蒸気（気体）が水（液体）に変わることを凝結という。

○ 湿度計を使用して湿度を調べることもできる。

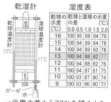

→示度の差から77％を読みとる。

○ 乾球の示度＝気温

≫ ②気圧と風

○ 中心部の気圧が周囲より高くなっている部分を❶_____，中心部の気圧が周囲より低くなっている部分を❷_____という。

○ 風は気圧の❸_____ところから❹_____ところへ向かってふく。気圧が等しい地点を結んだ線を❺_____といい，❺の間隔が❻_____ところほど強い風がふく。❺は4Paごとの線は細く，20Paごとの線は太い。

○ 低気圧と高気圧
低気圧・高気圧での大気の動き（北半球）

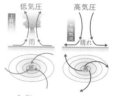

○ **気団**　気温，湿度が一様な空気のかたまり。

≫ ③日本の四季と天気

○ **春の天気**　高気圧と低気圧が日本付近を西から❶_____へ次々と通過するため（偏西風の影響），周期的に天気が変わる。

○ **夏の天気**　❷_____気団の発達により，日本は高気圧におおわれ，弱い❸_____の季節風がふく。南高北低の気圧配置となる。

○ **梅雨の天気**　北の❹_____海気団と南の❺_____気団の勢力がつり合い，❻_____前線が生じる。

○ **冬の天気**　大陸上で発達した❼_____気団からふく強い❽_____の季節風によって，日本海側では雪や雨，太平洋側では晴天となることが多い（❾_____の気圧配置）。

○ 日本付近で発達する気団

○ 夏は高温で湿度が高くなり，梅雨には雨が降り続くことが多い。

梅雨の天気

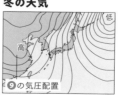

❻前線

冬の天気

❾の気圧配置

1 次のA〜Jの物質について，あとの問いに答えなさい。

A：塩化ナトリウム　　B：空気　　C：水素　　D：銀　　E：水　　F：銅

G：二酸化炭素　　H：塩酸　　I：窒素　　J：酸化銀

(1) 混合物を**A〜J**からすべて選び，記号で答えなさい。 [　　　]

(2) 1種類の元素だけでできている純物質を，**A〜J**からすべて選び，記号で答えなさい。

[　　　]

(3) (**2**)のような物質を何というか。 [　　　]

(4) 2種類以上の元素でできている純物質を，**A〜J**からすべて選びなさい。

[　　　]

(5) (**4**)のような物質を何というか。 [　　　]

(6) 分子をつくる純物質を，**A〜J**からすべて選び，記号で答えなさい。 [　　　]

2 図のように，プラスチック容器にうすい塩酸25cm³と炭酸水素ナトリウム0.5gを入れて密閉し，容器全体の質量をはかった。容器を傾けて反応させたあとに再び全体の質量をはかったあと，ふたをゆるめてから全体の質量をはかった。炭酸水素ナトリウムの質量だけを変えて同様の操作を行い，結果を表にまとめた。あとの問いに答えなさい。

図
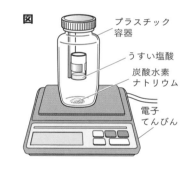
プラスチック容器
うすい塩酸
炭酸水素ナトリウム
電子てんびん

表

加えた炭酸水素ナトリウムの質量〔g〕	0.5	1.0	1.5	2.0	2.5
反応前の容器全体の質量〔g〕	128.3	128.8	129.3	129.8	130.3
反応後のふたをゆるめる前の容器全体の質量〔g〕	128.3	128.8	129.3	129.8	130.3
反応後のふたをゆるめたあとの容器全体の質量〔g〕	128.1	128.4	128.7	129.0	129.5

(1) 表で，反応前と反応後のふたをゆるめる前で容器全体の質量が等しいのは，何という法則が成り立っているからか。 [　　　]

(2) 次の式は，実験で起こった化学変化を表そうとしたものである。 $\boxed{X}$ ， $\boxed{Y}$ にあてはまる化学式をそれぞれ答えなさい。ただし， $\boxed{Y}$ は気体を表すものとする。

$NaHCO_3 + HCl \rightarrow \boxed{X} + H_2O + \boxed{Y}$ 　　　　X [　　　] 　Y [　　　]

(3) 実験と同じうすい塩酸40cm³をすべて反応させるために必要な炭酸水素ナトリウムの質量は何gか。 [　　　 g]

1 右の図は，ある日の**11時**に気象観測を行ったときの乾湿計の一部を表したもので，**表**は気温と1m³の空気がふくむことのできる水蒸気量の関係をまとめたものである。あとの問いに答えなさい。

図

乾球温度計の示度〔℃〕	乾球温度計と湿球温度計の示度の差〔℃〕						
	0.0	1.0	2.0	3.0	4.0	5.0	6.0
30	100	92	85	78	72	65	59
29	100	92	85	78	71	64	58
28	100	92	85	77	70	64	57
27	100	92	84	77	70	63	56
26	100	92	84	76	69	62	55
25	100	92	84	76	68	61	54
24	100	91	83	75	67	60	53
23	100	91	83	75	67	59	52
22	100	91	82	74	66	58	50
21	100	91	82	73	65	57	49
20	100	90	81	72	64	56	48

A　B

(1) 湿球温度計は**図**の**A**，**B**のどちらか。　[　　　　]

(2) 11時の気温は何℃か。　　　[　　　　　℃]

(3) 11時の湿度は何％か。
　　　　　　　　　[　　　　　％]

(4) 1m³の空気がふくむことのできる水蒸気量を何というか。　[　　　　　　]

表

気温〔℃〕	19	20	21	22	23	24
1m³の空気がふくむことのできる水蒸気量〔g/m³〕	16.3	17.3	18.3	19.4	20.6	21.8
気温〔℃〕	25	26	27	28	29	30
1m³の空気がふくむことのできる水蒸気量〔g/m³〕	23.1	24.4	25.8	27.2	28.8	30.4

(5) 11時の空気1m³にふくまれる水蒸気量は何gか。小数第2位を四捨五入して小数第1位まで答えなさい。　　　　　　　　　　　　　　　　　　　　　[　　　　　g]

(6) 同じ日の15時に再び気象観測を行ったところ，湿度は変わらず気温が2℃下がっていた。15時の露点は何℃か。最も近い温度を整数で答えなさい。　　[　　　　　℃]

DAY
4

2 図の**X〜Z**は，春，梅雨，冬のいずれかの季節の代表的な天気図を表している。あとの問いに答えなさい。

X
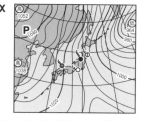

Y
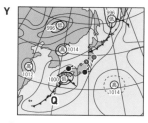

Z
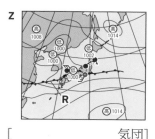

(1) **X**の**P**点付近で発達する気団を何気団というか。　[　　　　　気団]

(2) **X**の太平洋側と日本海側で天気はどのようになっているか。最も適当なものを次の**ア〜エ**から1つずつ選び，記号で答えなさい。

　ア　雨が降り続く。　　　　**イ**　晴天の日が続く。　　　太平洋側 [　　　]

　ウ　強風がふき，大雨が降る。　**エ**　雨や雪が降る。　　　日本海側 [　　　]

(3) **Y**の天気図の季節は春，梅雨，冬のどれか。　　　　　　[　　　　　]

(4) **Y**の**Q**点では，このあと風向はどの方位寄りに変わるか。また，気温はどのようになるか。

　　　　　　　風向 [　　　　　]　　気温 [　　　　　]

(5) **Z**の前線**R**を何前線というか。　　　　　　　[　　　　　前線]

STEP 1 物理の基本問題
✓ 空欄にあてはまる言葉や記号を書きなさい。

≫ ①力のはたらき

○ **フックの法則** ばねののびやちぢみは，ばねに
加えた力の大きさに❶＿＿＿＿＿＿する。

○ **力のつり合い** 1つの物体にはたらく2力が次の
条件を満たすとき，2力は❸＿＿＿＿＿＿
という。

・2力は❹＿＿＿＿＿＿にある。

・2力の大きさが❺＿＿＿＿＿＿。

・2力の向きが❻＿＿＿＿＿＿である。

○ **作用・反作用の法則** ある物体から別の物体に力（作用）を加えると，同時に
相手の物体から大きさが❼＿＿＿＿＿で向きが❽＿＿＿＿＿＿の力（反作用）を受ける
こと。

○ **力の合成** 2つの力を，同じはたらきをする1つ
の力に合わせることを力の❾＿＿＿＿＿といい，力
の❾によってできた力を❿＿＿＿＿という。

○ **力の分解** 1つの力を，同じはたらきをする2つ
の力に分けることを力の⓫＿＿＿＿＿といい，力
の⓫によってできた力をそれぞれ⓬＿＿＿＿＿とい
う。

グラフ：
ばねの
のび
〔cm〕 16, 12, 8, ❷, 4, 0
0 0.3 0.6 0.9 1.2
力の大きさ〔N〕
❷

2力が一直線上にない場合，
合力は2力を2辺とした平行
四辺形の⓭＿＿＿＿。

○ ばねが変形したとき，ば
ねがもとの形に戻ろうとする
弾性力（弾性の力）が生
じる。

○ 作用と反作用の2力は
一直線上にあるが，それぞ
れ別々の物体にはたらいて
いる。

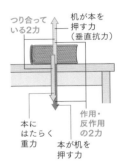

つり合って
いる2力
机が本を
押す力
（垂直抗力）
本に
はたらく
重力
作用・
反作用
の2力
本が机を
押す力

○ 2力が一直線上にある場
合の合力

○ 平均の速さ〔m/s〕＝
　移動距離〔m〕
　移動にかかった時間〔s〕

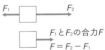

○ 仕事率〔W〕＝
　仕事〔J〕
　仕事にかかった時間〔s〕

≫ ②運動とエネルギー

○ **物体の速さ** 物体の移動距離を移動するのにかかった時間で割ったものを
❶＿＿＿＿＿の速さ，ある瞬間における物体の速さを❷＿＿＿＿＿の速さという。

○ **力学的エネルギーの保存** 物体のもつ力学的エネルギー（運動エネルギーと
❸＿＿＿＿＿エネルギーの和）が一定に保たれること。

○ **仕事** 仕事〔J〕＝力の大きさ〔N〕×力の向きに動かした距離〔❹＿＿＿＿＿〕

人体のつくりとはたらき

STEP 2 生物の基本問題

✓ 空欄にあてはまる言葉を書きなさい。

》》 ①消化と吸収

○ **消化液と消化酵素** だ液や胃液などの❶＿＿＿＿＿＿＿には，アミラーゼやペプシンなどの❷＿＿＿＿＿＿＿がふくまれている。

○ **消化のしくみ**

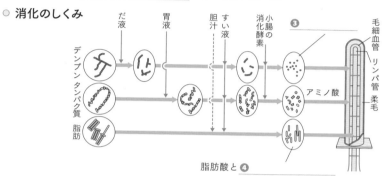

だ液　胃汁　胆汁　すい液　消化酵素　小腸の

デンプン　タンパク質　脂肪

❸

毛細血管　リンパ管　柔毛

アミノ酸

脂肪酸と❹

○ 消化に関わる器官をまとめて消化器官，口から肛門までの食物の通り道を消化管という。

○ だ液にはアミラーゼ，胃液にはペプシン，すい液にはトリプシンなどの消化酵素がふくまれる。胆汁には消化酵素がふくまれていないが，脂肪の消化を助けるはたらき（乳化作用）がある。

○ 脂肪酸とモノグリセリドは，小腸の柔毛に入ったあと再び脂肪に戻ってからリンパ管に入る。

》》 ②呼吸と循環

○ **呼吸** 口や鼻からとり入れた空気は，肺の中で気管支の先にある❶＿＿＿＿＿という小さな袋に送られ，そこで空気中の酸素と血液中の二酸化炭素の交換が行われる。

○ **肺循環** 心臓 → 肺動脈 → 肺 → ❷＿＿＿＿＿→心臓という血液の経路。

○ **体循環** 心臓→❸＿＿＿＿＿→肺以外の全身→大静脈→心臓という血液の経路。

○ **動脈血と静脈血** 酸素を多くふくむ血液を❹＿＿＿＿＿，二酸化炭素を多くふくむ血液を❺＿＿＿＿＿という。

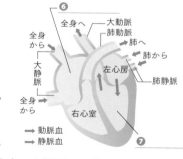

❻
全身へ　大動脈
全身から　肺動脈
　　　　肺へ
大静脈　　肺から
　　　左心房
全身から　肺静脈
右心室
❼
⟶ 動脈血
⟶ 静脈血

○ 肺の中に肺胞がたくさんあることで，肺の表面積が大きくなり，効率よくガス交換が行われる。

○ 心臓から送り出された血液が流れる血管を動脈，心臓へ流れこむ血液が流れる血管を静脈という。

》》 ③刺激と反応

○ **神経系** 脳と脊髄からなる❶＿＿＿＿＿と，感覚神経と運動神経などからなる❷＿＿＿＿＿。

○ **感覚器官** 刺激を受け取る細胞がある部分で，目の❸＿＿＿＿＿や耳の❹＿＿＿＿＿など。

○ **反射** 刺激に対して意識とは関係なく起こる反応。感覚器官→❻＿＿＿＿＿神経→脊髄→❼＿＿＿＿＿神経→運動器官という順に刺激や命令の信号が伝わる。

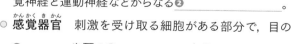

神経　脳へ　ひとみ
水晶体　網膜
❺　　…光量の調整

○ 熱いものにふれたとき，反応が起こったあとで脳に刺激の信号が伝わり「熱い」と感じる。このような反射によって，危険の回避ができる。

神経系

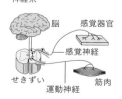

脳　感覚器官
感覚神経
せきずい　筋肉
運動神経

1 表は，ばねA，Bに質量10gのおもりをいくつか
つるしたときのばね全体の長さをまとめたもので
ある。あとの問いに答えなさい。

表

おもりの数〔個〕	1	2	3	4	5
ばねA全体の長さ〔cm〕	8	11	14	17	20
ばねB全体の長さ〔cm〕	14	16	18	20	22

(1) ばねA，Bのもとの長さはそれぞれ何cmか。　　A [　　　　cm]　　B [　　　　cm]

(2) ばねA，Bに同じ数のおもりをつるしたとき，ばねA，Bの全体の長さが等しくなった。こ
のときつるしたおもりの数は何個か。　　　　　　　　　　　　　　　[　　　　個]

(3) ばねAにある物体をつるしたところ，ばねA全体の長さが33.5cmになった。このときつる
した物体の質量は何gか。　　　　　　　　　　　　　　　　　　　　[　　　　g]

2 図1のように，1秒間に50回打点する記録タイマーに記
録テープを通し，台車に記録テープをとりつけたあとに
記録タイマーのスイッチを入れ，点Sで台車から静かに
手を離した。図2は，このとき打点された記録テープを
5打点ごとに切り離し，A～Iの順に台紙にはりつけたも
のである。あとの問いに答えなさい。ただし，空気の抵
抗や台車と記録タイマーにはたらく摩擦は考えないもの
とし，図2における記録テープの打点は省略してある。

図1
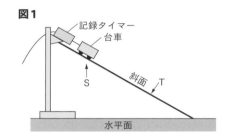

(1) 図2において，1本のテープを打点するのにかかる
時間は何秒か。　　　　　　　　[　　　　秒]

(2) 図2のテープA～Cを打点する間の台車の平均の
速さは何cm/sか。　　　　　　　[　　　　cm/s]

図2
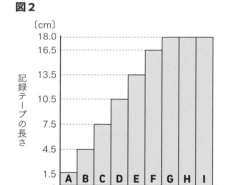

(3) 図3は，点Sにある台車にはたらく重力Wを矢印
で表したものである。Wの斜面に平行な分力と斜
面に垂直な分力をそれぞれ作図しなさい。

(4) 点Sと比べて，点Tでは台車にはたらく斜面に平
行な力の大きさはどのようになっているか。

[　　　　　　　　]

(5) 台車の位置が点Sのときと比べて，台車が水平面
に達したときの台車がもつ位置エネルギーの大き
さはどのようになるか。　　[　　　　　　　]

図3
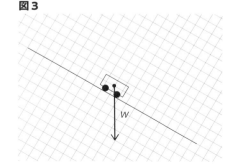

STEP 4 生物の練習問題 ✓ 次の問いに答えなさい。

1 右の図は，ヒトの血液循環を模式的に表したものである。あとの問いに答えなさい。

(1) 図で，心臓の **X** の部屋を何というか。 [   ]

(2) 静脈血が流れる血管を **A〜H** からすべて選び，記号で答えなさい。 [   ]

(3) 心臓から肺以外の全身を通ったあと，再び心臓へ戻る血液循環の経路を何というか。 [   ]

(4) 食後，最も多くの養分をふくむ血液が流れる血管を **P〜U** から 1 つ選び，記号で答えなさい。 [   ]

(5) 二酸化炭素以外の不要物が最も少ない血液が流れる血管を **P〜U** から 1 つ選び，記号で答えなさい。 [   ]

図

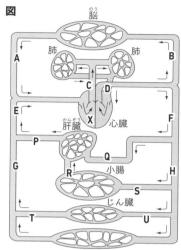

からだの各部分

2 図のように **A** さんから **H** さんまでの 8 人が手をつないで背中合わせに輪になり，**A** さんが左手に持ったストップウォッチをスタートさせると同時に右手で **B** さんの左手をにぎった。左手をにぎられた **B** さんは右手で **C** さんの左手をにぎり，**C** さん以降も次々ととなりの人の左手をにぎっていき，最後に **A** さんが左手をにぎられたときに右手に持ちかえていたストップウォッチを止めた。この動作を 3 回繰り返し，結果を表にまとめた。あとの問いに答えなさい。

(1) **B** さんが **C** さんの左手をにぎったのは脳から「にぎれ」という命令の信号が出されたためである。このようなはたらきをする脳や脊髄をまとめて何というか。 [   ]

表

	1回目	2回目	3回目
	2.19	2.12	2.17

(2) 左手をにぎられてからとなりの人の右手をにぎるまでにかかった時間は，1 人あたり平均で何秒か。 [秒]

(3) **A** さんが熱いやかんに手がふれたとき，思わず手を引っこめてしまった。このように，無意識に起こる反応を何というか。 [   ]

(4) (3)の反応が起こるまでに，刺激や命令の信号はどのような順で伝わるか。最も適当なものを次の**ア〜エ**から 1 つ選び，記号で答えなさい。

ア 皮膚→運動神経→脊髄→感覚神経→筋肉

イ 皮膚→感覚神経→脊髄→脳→脊髄→運動神経→筋肉

ウ 皮膚→感覚神経→脊髄→運動神経→筋肉

エ 皮膚→感覚神経→脳→脊髄→運動神経→筋肉 [   ]

STEP 1 化学の基本問題 ✓ 空欄にあてはまる言葉を書きなさい。

≫ ①イオン

○ **電解質と非電解質** 水に溶かしたとき電流が流れる物質を❶＿＿＿＿＿＿＿，電流が流れない物質を❷＿＿＿＿＿＿＿という。

○ **陽イオンと陰イオン** ＋の電気を帯びたイオンを❸＿＿＿＿＿＿＿，－の電気を帯びたイオンを❹＿＿＿＿＿＿＿という。

陽イオン	化学式	陰イオン	化学式
水素イオン	H^+	アンモニウムイオン	❽
ナトリウムイオン	❺	水酸化物イオン	❾
❻	Cu^{2+}	硫酸イオン	❿
❼	Cl^-	炭酸イオン	$CO_3{}^{2-}$
アルミニウムイオン	Al^{3+}		

○ 電解質が水に溶けて陽イオンと陰イオンに分かれることを電離という。

○ 原子が電子を放出すると陽イオンになり，原子が電子を受けとると陰イオンになる。

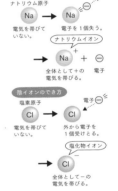

≫ ②化学電池と電気分解

○ **化学電池** 化学変化を利用して，物質のもつ化学エネルギーを❶＿＿＿＿＿エネルギーに変える装置。

○ **ダニエル電池** 亜鉛板が❷＿＿＿＿＿（負）極，銅板が❸＿＿＿＿＿（正）極となる。電流を流すと，❹＿＿＿＿＿板はとけ出し，❺＿＿＿＿＿板に銅が付着する。

❻＿＿＿＿＿の移動する向き

ダニエル電池のモデル

セロハンの穴を❼＿＿＿＿＿や$SO_4{}^{2-}$が通過することで，電圧を安定してとり出すことができる。

電子　電流
－極（亜鉛板）　＋極（銅板）
セロハン
Cu^{2+}
Zn^{2+}
SO_4　SO_4
Cu
Zn^{2+}
硫酸亜鉛水溶液　硫酸銅水溶液
Zn

○ ボルタ電池
安定して電圧をとり出すことが難しいなどの問題点がある。

2種類の金属板
Zn とける
電圧計
Cu 水素が発生
電解質の水溶液

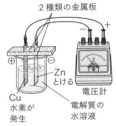

○ 電子の移動する向きと電流の向きは逆向き。

○ 銅よりも亜鉛のほうがイオンになりやすいので，亜鉛板が－極（負極）となる。

○ 塩化銅水溶液の電気分解

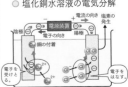

○ **塩化銅水溶液の電気分解**

・陰極…銅イオンが電子を受けとって❽＿＿＿＿＿として付着する。

・陽極…塩化物イオンが電子を❾＿＿＿＿＿して，気体の塩素が発生する。
※液の青色がうすくなっていく。

STEP 2 地学の基本問題

✓ 空欄にあてはまる言葉や数を書きなさい。

>> ①太陽の動き（北半球）

○ **太陽の1日の動き**　朝方に東からのぼって昼ごろに❶＿＿＿＿＿の空で最も高くなり，夕方に西へ沈む。

○ **太陽の1年の動き**　夏至の日に南中高度が最も❷＿＿＿＿＿なり，冬至の日に南中高度が最も❸＿＿＿＿＿なる。

南中する位置
昼が長い
太陽は透明半球上を一定の速さで動く→太陽の❹＿＿＿＿＿運動
南中高度
日の入りの位置
夏至の日は，日の出の位置も日の入りの位置も1年の中で最も❺＿＿＿＿＿寄りになる。
春分
冬至　秋分
南　　西
北
東
日の出の位置

○ 太陽が南の空で最も高くなることを**南中**するといい，このときの高度を**南中高度**という。

>> ②星の見え方（北半球）

○ **1日の星の動き**　1時間で約❶＿＿＿＿＿度，東から西へ動いて見える。

○ **1年の星の動き**　1か月で同時刻に約❷＿＿＿＿＿度，東から西へ動いて見える。

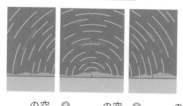

❸＿＿＿＿＿の空　❹＿＿＿＿＿の空　❺＿＿＿＿＿の空

○ 北半球において，夏至の日は1年で最も昼の時間が長く，冬至の日は1年で最も昼の時間が短い。

○ 北の空の星は，北極星を中心として反時計回りに回って見える。

北極星
北

>> ③月・金星の見え方

○ **月の満ち欠け**　約30日（29.5日）で，新月→❶＿＿＿＿＿→上弦の月→❷＿＿＿＿＿→下弦の月→新月という順に満ち欠けする。

○ **金星の見え方**

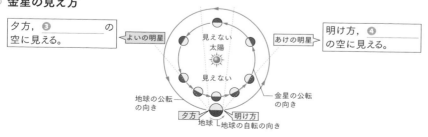

夕方，❸＿＿＿＿＿の空に見える。
← よいの明星
明け方，❹＿＿＿＿＿の空に見える。
→ あけの明星
見えない
太陽
見えない
地球の公転の向き
金星の公転の向き
夕方　明け方
地球　地球の自転の向き

○ 星も月も，太陽と同じように，時間とともに東からのぼって西に沈んで見える。→地球の自転による

○ 月が太陽と反対側にあるときに満月，月が太陽と同じ方向にあるときに新月となる。

1 **図は，ヘリウム原子のつくりを模式的に表したものである。あとの問いに答えなさい。**

図

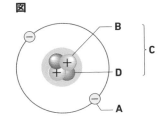

(1) **A**を何というか。 [　　　]

(2) **C**は原子の中心にあり，**B**と**D**からできている。**C**を何というか。 [　　　]

(3) **B**は電気をもつ粒子である。＋と－のどちらの電気をもつか。 [　　　]

(4) 原子が**A**を受けとってできるイオンを何というか。 [　　　]

(5) (4)のイオンとして最も適当なものを次の**ア**～**エ**から1つ選び，記号とイオンの式で答えなさい。

　　ア ナトリウムイオン 　　**イ** 水素イオン 　　**ウ** 塩化物イオン 　　**エ** 銅イオン

　　　　　　　　　　　記号 [　　] 　　イオンの式 [　　　]

(6) 原子が**A**を失ってできるイオンを何というか。 [　　　]

(7) (6)のイオンとして最も適当なものを次の**ア**～**エ**から1つ選び，記号とイオンの式で答えなさい。

　　ア 硝酸イオン 　　**イ** カリウムイオン 　　**ウ** 水酸化物イオン 　　**エ** 硫酸イオン

　　　　　　　　　　　記号 [　　] 　　イオンの式 [　　　]

2 **図のように，硫酸亜鉛水溶液に亜鉛板を入れ，硫酸銅水溶液に銅板を入れてダニエル電池をつくった。あとの問いに答えなさい。**

図

(1) 硫酸亜鉛水溶液に溶けている硫酸亜鉛のように，水に溶けると電流を通す物質を何というか。

　　　　　　　　　　　[　　　]

(2) 電流の流れる向きは**A**，**B**のどちらか。 [　　]

(3) 銅板上で起こる変化を，例のように化学式と電子 e^- を使って表しなさい。

　　例 　$Mg \rightarrow Mg^{2+} + 2e^-$ 　　　　　[　　　]

(4) 亜鉛と銅では，どちらがイオンになりやすいか。 [　　]

(5) セロハン膜を通過しているイオンを2つ，イオンの式で答えなさい。

　　　　　　　　　　　[　　][　　]

1 図1のように，日本のある地点で夏至の日に，9時から15時までの1時間ごとに，太陽の位置を透明半球上に記録した。X，Yは記録した点をなめらかな曲線でつないで透明半球のふちまでのばしたときの点で，A～Dは東西南北のうちいずれかの方位を示しているものとする。また，図2は，図1の曲線に紙テープをあてて記録した点をうつしとったものである。あとの問いに答えなさい。

図1
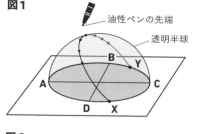

図2
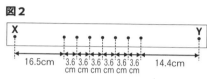

(1) B，Cの表す方位は東西南北のどれか。

B [   ]　　C [   ]

(2) 図2より，9時から15時までに透明半球上を太陽が移動した1時間ごとの距離はすべて等しい。これからわかることを，簡単に答えなさい。

[   ]

(3) 観察を行った日の，日の出時刻は何時何分か。　　　　　　　　[　　　時　　　分]

(4) 同じ地点で冬至の日に同様の観察を行った場合，X，Yの位置と南中高度はどのようになるか。最も適当なものを次のア～エから選び，記号で答えなさい。

ア　X，Yの位置はCよりになり，南中高度は高くなる。

イ　X，Yの位置はCよりになり，南中高度は低くなる。

ウ　X，Yの位置はAよりになり，南中高度は高くなる。

エ　X，Yの位置はAよりになり，南中高度は低くなる。　　　　　[   ]

2 右の図は，北極点の上から見た太陽，地球，月の位置関係を模式的に表したものである。あとの問いに答えなさい。

図
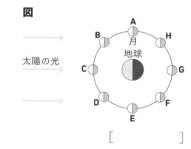

(1) 上弦の月，新月が見える月の位置を，A～Hからそれぞれ選び，記号で答えなさい。

上弦の月 [   ]　　新月 [   ]

(2) 月が地球の影にかくされる現象を何というか。　　　　　　　　[   ]

(3) (2)の現象が起こるときの月の位置を，A～Hから選び，記号で答えなさい。　[   ]

(4) 新月のあと，月の形はどのように変わるか。最も適当なものを次のア～エから選びなさい。

ア　新月→下弦の月→満月→上弦の月→三日月→新月

イ　新月→上弦の月→満月→下弦の月→三日月→新月

ウ　新月→三日月→上弦の月→満月→下弦の月→新月

エ　新月→三日月→下弦の月→満月→上弦の月→新月　　　　　　[   ]

STEP 1 生物の基本問題 ✓ 空欄にあてはまる言葉や数を書きなさい。

≫ ①生物の成長

○ **体細胞分裂** からだをつくる細胞の分裂。体細胞分裂が行われている間, 核の中に見られるひも状のものを ❶＿＿＿＿＿ という。

細胞分裂の順序

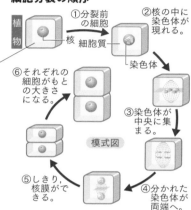

植物 核 細胞質

①分裂前の細胞

②核の中に染色体が現れる。

染色体

染色体の数が ❷＿＿ 倍になる。

⑥それぞれの細胞がもとの大きさになる。

③染色体が中央に集まる。

模式図

⑤しきり, 核膜ができる。

④分かれた染色体が両端へ。

○ **根の成長** 先端近くでは体細胞分裂がさかんに行われるため, 細胞1つ1つの大きさが ❸＿＿＿＿＿ 。分裂した細胞が ❹＿＿＿＿＿ なることで根が成長する。

○ 1つの細胞が2つの細胞に分かれることを**細胞分裂**という。

○ 体細胞分裂では, 分裂の前後で染色体数は変わらない。

≫ ②生物の生殖

○ **無性生殖** ❶＿＿＿＿＿ 分裂によって新しい個体をつくる。
○ **有性生殖** ❷＿＿＿＿＿ 細胞の受精によって新しい個体をつくる。生殖細胞は ❸＿＿＿＿＿ 分裂によってつくられる。

○ 無性生殖には, ジャガイモやサツマイモなどが行う**栄養生殖**, ミカヅキモなどが行う**分裂**などがある。

○ 減数分裂では, 分裂の前後で染色体数が半減する。

≫ ③遺伝の規則性

○ **遺伝子** 細胞の核の ❶＿＿＿＿＿ に存在する。
○ **形質の伝わり方** ❷＿＿＿＿ 形質をもつ純系を親としてかけ合わせたとき, 子に現れる形質を ❸＿＿＿ 形質, 現れない形質を ❹＿＿＿＿ 形質という。

エンドウの種子の遺伝

親

純系 丸の種子 しわの種子 純系

A A a a

生殖細胞 A A a a 生殖細胞

A a

Aa Aa Aa Aa

丸 丸 丸 丸

子

Aa

丸

すべて丸

子（雑種第一代）

A a 丸 A a 丸

生殖細胞 A A a a 生殖細胞

AA Aa 丸 丸 Aa aa 丸 しわ

孫

丸：しわ＝3：1

○ 動物の場合, 雄の生殖細胞は精子, 雌の生殖細胞は卵である。種子植物の生殖細胞は, 花粉の中の精細胞と, 胚珠の中の卵細胞である。

○ 生物のいろいろな特徴を**形質**という。

○ 対になっている遺伝子が減数分裂によって別々の細胞に入ることを**分離の法則**という。

○ 遺伝の法則は, **メンデル**によって発見された。

生物と環境

STEP 2 環境の基本問題

✓ 空欄にあてはまる言葉を書きなさい。

≫ ①生物どうしのつながり

○ **食物連鎖**（しょくもつれんさ）　生物どうしの食べる・食べられるの関係のつながり。実際は網の目のようにからみ合っており，これを❶_____という。

○ 生態系における役割

	はたらき	生物の例
生産者（せいさんしゃ）	無機物から❷_____をつくり出す。	植物
消費者（しょうひしゃ）	生産者がつくり出した有機物を食べる。	植物を食べる❸_____動物，ほかの動物を食べる❹_____動物など。
分解者（ぶんかいしゃ）	生物の死がいや排出物にふくまれる有機物を❺_____まで分解する過程にかかわる生物。	カビやキノコなどの❻_____類，乳酸菌などの❼_____類，ダンゴムシやトビムシなどの土の中の小動物。

○ 生態系のつり合い

食べられる生物よりも食べる生物の数量が❽_____。

最も数量が多いのは❾_____。

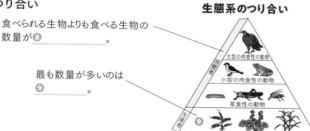

生態系のつり合い

大型の肉食性の動物
小型の肉食性の動物
草食性の動物
❾

○ 物質の循環

❿_____

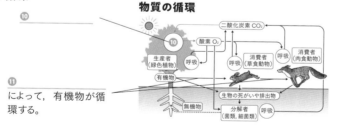

物質の循環

二酸化炭素 CO_2
酸素 O_2
❿
生産者（緑色植物）　呼吸
消費者（草食動物）　呼吸
消費者（肉食動物）　呼吸
有機物
生物の死がいや排出物
無機物
分解者（菌類，細菌類）　呼吸

⓫_____によって，有機物が循環する。

≫ ②自然環境の保全

○ **地球温暖化**（ちきゅうおんだんか）　地球の平均気温が上昇していること。二酸化炭素などの❶_____ガスの増加が原因の一つとされている。

○ **オゾン層の破壊**　フロンなどの増加によってオゾン層が破壊され，地表へ届く❷_____の量が増加している。❷は皮ふガンの原因ともなる。

○ **外来生物**（がいらい）　人間の活動によって，他の地域から持ちこまれて定着した生物。ブラックバス，アメリカザリガニ，セイタカアワダチソウなど。

○ ある環境とそこにすむ生物を1つのまとまりとしてとらえたものを<u>生態系</u>という。

○ 植物は，光合成を行うことによって，無機物（二酸化炭素と水）から有機物（デンプンなど）をつくり出し，その際に酸素が発生する。

○ 食物連鎖は，土の中や水の中でも見られる。

○ 生態系において，ある生物の数量が一時的に増減した場合，時間をかけてやがてもとのつり合いにもどる。

○ 生産者も消費者も酸素をとり入れて二酸化炭素を排出しているが，生産者はさらに光合成によって二酸化炭素をとり入れて酸素を排出している。

○ 地球温暖化が進むと，海水面の上昇や洪水・干ばつなどが起こるとされている。

○ 外来生物によって，生態系のバランスがくずれることがある。

STEP 3 生物の練習問題

✓ 次の問いに答えなさい。

1 **図1のように，ビーカーに水を入れてタマネギをのせたところ，数日後に根がのびてきた。図2はのびた根を模式的に表したもので，その一部を切りとって顕微鏡で観察したところ，図3のような細胞が見られた。あとの問いに答えなさい。**

図1

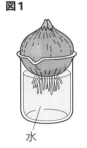

水

図2

a
b
c
d
2cm

図3

A
B
C
X
D
E

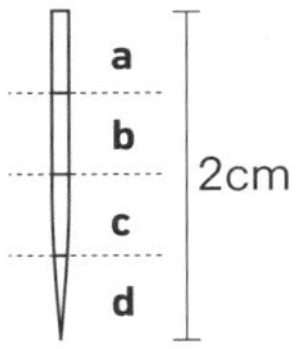

(1) **図3**の細胞は，**図2**の**a**～**d**のうちどの部分を観察したものか。 [　　]

(2) **図3**で見られたひも状の**X**を何というか。 [　　　　]

(3) **図3**の細胞**A**～**E**を，**A**を最初として細胞分裂の順になるように並べかえなさい。 [**A**→　　→　　→　　→　　]

(4) 次の文は，タマネギの根がのびるしくみについて説明したものである。❶，❷にあてはまる語句を**ア**，**イ**からそれぞれ選び，記号で答えなさい。

> タマネギの根の❶{**ア**　先端近く　　**イ**　根元近く}でさかんに細胞分裂が行われ，新しくできた細胞が❷{**ア**　小さく　　**イ**　大きく}なることで根がのびる。

❶ [　　]　❷ [　　]

2 **図は，カエルの生殖と受精卵の成長を模式的に表したものである。あとの問いに答えなさい。**

図

雄
雌
A
B
C
D

(1) 雄がつくる生殖細胞を何というか。 [　　　　]

(2) 生殖細胞をつくるときに行われる細胞分裂を何というか。 [　　　　]

(3) **A**～**D**を，カエルの受精卵が育つ順に並べかえ，記号で答えなさい。 [　　→　　→　　→　　]

(4) **図**のように，受精卵が細胞分裂を繰り返して親と同じすがたへと成長する過程を何というか。 [　　　　]

(5) **図**の雌のつくる生殖細胞の染色体数が13本のとき，受精卵の染色体数は何本か。 [　　　　本]

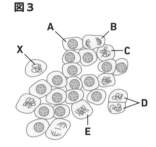

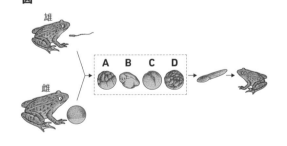

1 右の図は，ある生態系における炭素の循環を模式的に表したものである。あとの問いに答えなさい。ただし，A〜Dは，それぞれ草食動物，菌類・細菌類，植物，肉食動物のいずれかを表している。

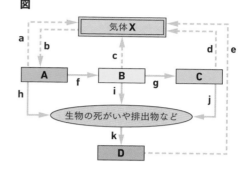

図

(1) 気体**X**は何か。 [　　　　　　　]

(2) 矢印**f**，**g**は，**A**〜**C**の食べる・食べられるの関係による炭素の循環を表してる。このような関係を何というか。 [　　　　　　　]

(3) 菌類・細菌類を表しているものを**A**〜**D**から選び，記号で答えなさい。 [　　　]

(4) 光合成による炭素の移動を表している矢印を**a**〜**k**から選び，記号で答えなさい。[　　　]

(5) **B**の数量が一時的に減少した場合，直後に**A**，**C**の数量はどのようになるか。最も適当なものを次の**ア**〜**エ**から1つ選び，記号で答えなさい。

ア　**A**の数量は減少し，**C**の数量は増加する。

イ　**A**の数量は増加し，**C**の数量は減少する。

ウ　**A**の数量も**C**の数量も減少する。

エ　**A**の数量も**C**の数量も増加する。 [　　　]

2 図は，1981年から2010年までの地球の平均気温からの差を年ごとに表したグラフである。あとの問いに答えなさい。

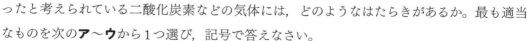

図

(1) 地球の平均気温が上昇していることを何というか。

[　　　　　　　]

(2) **図**より，2000年前後から地球の平均気温が上昇していることがわかる。地球の平均気温が上昇した原因となったと考えられている二酸化炭素などの気体には，どのようなはたらきがあるか。最も適当なものを次の**ア**〜**ウ**から1つ選び，記号で答えなさい。

ア　地表から宇宙へ放射される熱を増やすはたらき。

イ　宇宙から地表により多くの熱をとり入れるはたらき。

ウ　地表から宇宙へ放射される熱の一部を地表へもどすはたらき。 [　　　]

(3) (1)によって，地球ではどのようなことが起こると考えられているか。最も適当なものを次の**ア**〜**ウ**から1つ選び，記号で答えなさい。

ア　地表に届く紫外線の量が減少する。　　**イ**　海水面が上昇する。

ウ　南極の氷の量が増加する。 [　　　]

① 明さんは，いろいろなセキツイ動物の「①呼吸のしかた」，「②子のうまれ方」などの特徴について調べ，カードを作成した。その後，作成したカードを使って，セキツイ動物を分類する学習を行った。右の**A～F**のカードは，作成したカードの一部である。〈福岡県〉

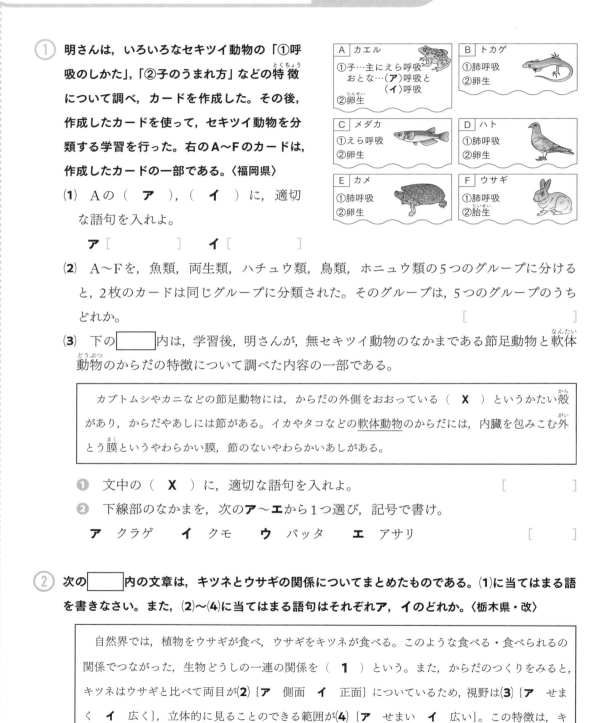

A	カエル
①子…主にえら呼吸 　おとな…（**ア**）呼吸と 　　　　　（**イ**）呼吸 ②卵生	

B	トカゲ
①肺呼吸 ②卵生	

C	メダカ
①えら呼吸 ②卵生	

D	ハト
①肺呼吸 ②卵生	

E	カメ
①肺呼吸 ②卵生	

F	ウサギ
①肺呼吸 ②胎生	

(1) Aの（　**ア**　），（　**イ**　）に，適切な語句を入れよ。

　　　　ア［　　　　　　　］　**イ**［　　　　　　　］

(2) A～Fを，魚類，両生類，ハチュウ類，鳥類，ホニュウ類の5つのグループに分けると，2枚のカードは同じグループに分類された。そのグループは，5つのグループのうちどれか。　　　　　　　　　　　　　　　　　　　　　　　　［　　　　　　　　　　］

(3) 下の□□□内は，学習後，明さんが，無セキツイ動物のなかまである節足動物と軟体動物のからだの特徴について調べた内容の一部である。

> 　カブトムシやカニなどの節足動物には，からだの外側をおおっている（　**X**　）というかたい殻があり，からだやあしには節がある。イカやタコなどの軟体動物のからだには，内臓を包みこむ外とう膜というやわらかい膜，節のないやわらかいあしがある。

❶ 文中の（　**X**　）に，適切な語句を入れよ。　　　　　　　　　　［　　　　　　　　］

❷ 下線部のなかまを，次の**ア～エ**から1つ選び，記号で書け。

　　ア　クラゲ　　**イ**　クモ　　**ウ**　バッタ　　**エ**　アサリ　　　　［　　　　　　　］

② 次の□□□内の文章は，キツネとウサギの関係についてまとめたものである。(1)に当てはまる語を書きなさい。また，(2)～(4)に当てはまる語句はそれぞれ**ア**，**イ**のどれか。〈栃木県・改〉

> 　自然界では，植物をウサギが食べ，ウサギをキツネが食べる。このような食べる・食べられるの関係でつながった，生物どうしの一連の関係を（　**1**　）という。また，からだのつくりをみると，キツネはウサギと比べて両目が(**2**)｛**ア**　側面　**イ**　正面｝についているため，視野は(**3**)｛**ア**　せまく　**イ**　広く｝，立体的に見ることのできる範囲が(**4**)｛**ア**　せまい　**イ**　広い｝。この特徴は，キツネが獲物をとらえることに役立っている。

(1)［　　　　　　］　(2)［　　　］　(3)［　　　］　(4)［　　　］

③ 次の実験について，あとの問いに答えなさい。〈愛媛県・改〉

〔**実験1**〕電熱線**a**を用いて，**図1**のような装置をつくった。電熱線**a**の両端に加える電圧を8.0Vに保ち，8分間電流を流しながら，電流を流し始めてからの時間と水の上昇温温度との関係を調べた。この間，電流計は2.0Aを示していた。次に，電熱線**a**を電熱線**b**にかえて，電熱線**b**の両端に加える電圧を8.0Vに保ち，同じ方法で実験を行った。**図2**は，その結果を表したグラフである。

〔**実験2**〕図1の装置で，電熱線**a**の両端に加える電圧を8.0Vに保って電流を流し始め，しばらくしてから，電熱線**a**の両端に加える電圧を4.0Vに変えて保つと，電流を流しはじめてから8分後に，水温は8.5℃上昇していた。下線部のとき，電流計は1.0Aを示していた。

ただし，**実験1，2**では，水の量，室温は同じであり，電流を流しはじめたときの水温は室温と同じにしている。また，熱の移動は電熱線から水への移動のみとし，電熱線で発生する熱は全て水の温度上昇に使われるものとする。

図1

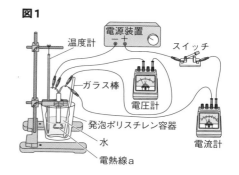

図2

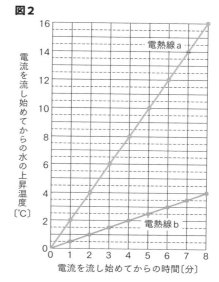

電流を流し始めてからの水の上昇温度〔℃〕

電流を流し始めてからの時間〔分〕

(**1**) 電熱線**a**の抵抗の値は何Ωか。

[　　　　　Ω]

(**2**) 次の文の❶，❷の｛　　｝の中から，それぞれ適当なものを1つずつ選び，その記号を書きなさい。

> **実験1**で，電熱線**a**が消費する電力は，電熱線**b**が消費する電力より❶｛**ア** 大きい　**イ** 小さい｝。また，電熱線**a**の抵抗の値は，電熱線**b**の抵抗の値より❷｛**ウ** 大きい　**エ** 小さい｝。

❶[　　　] ❷[　　　]

(**3**) **実験2**で，電圧を4.0Vに変えたのは，電流を流し始めてから何秒後か。次の**ア～エ**のうち，最も適当なものを1つ選び，その記号を書け。

ア 30秒後　　**イ** 120秒後　　**ウ** 180秒後　　**エ** 240秒後

[　　　]

④ 酸化銅から銅を取り出す実験を行った。あとの問いに答えなさい。〈富山県〉

〈実験〉

㋐ 酸化銅 6.0g と炭素粉末 0.15g をはかり取り，よく混ぜた後，試験管 **A** に入れて**図1**のように加熱したところ，ガラス管の先から気体が出てきた。

㋑ 気体が出なくなった後，ガラス管を試験管 **B** から取り出し，ガスバーナーの火を消してから<u>ピンチコックでゴム管をとめ</u>，試験管 **A** を冷ました。

㋒ 試験管 **A** の中の物質の質量を測定した。

㋓ 酸化銅の質量は 6.0 g のまま，炭素粉末の質量を変えて同様の実験を行い，結果を**図2**のグラフにまとめた。

図1　　　　　　　　　　　　　　　図2

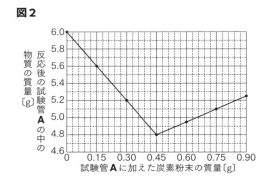

(1) ㋑において，下線部の操作を行うのなぜか。「銅」ということばを使って簡単に書きなさい。

[　　　　　　　　　　　　　　　　　　　　　　　　　　　]

(2) 試験管 **A** で起こった化学変化を化学反応式で書きなさい。

[　　　　　　　　　　　　　　　　]

(3) 酸化銅は，銅と酸素が一定の質量比で結びついている。この質量比を最も簡単な整数比で書きなさい。　　　　　　　　　　　[　　　　　]

(4) ㋓において，炭素粉末の質量が 0.75g のとき，反応後に試験管 **A** の中に残っている物質は何か，すべて書きなさい。また，それらの質量も求め，例にならって答えなさい。

例　○○が××g，□□が△△g　　　[　　　　　　　　　　]

(5) 試験管 **A** に入れる炭素粉末の質量を 0.30g にし，酸化銅の質量を変えて実験を行った場合，酸化銅の質量と反応後の試験管 **A** の中に生じる銅の質量との関係はどうなるか。右にグラフでかきなさい。

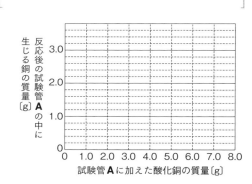

5 地球と宇宙に関する(1)，(2)の問いに答えなさい。〈静岡県〉

(1) 月に関する❶，❷の問いに答えなさい。

❶ 次の**ア**〜**エ**の中から，月について述べた文として，適切なものを1つ選び，記号で答えなさい。

　ア 太陽系の惑星である。

　イ 地球のまわりを公転している天体である。

　ウ 自ら光を出している天体である。

　エ 地球から見た月の形は1週間でもとの形になる。　　　　　　　　　[　　　]

❷ 次の┌┄┄┐の中の文が，月食が起こるしくみについて述べたものとなるように，[　　　]を，影という言葉を用いて，適切に補いなさい。

　┌┄┄┄┄┄┄┄┄┄┄┄┄┄┄┄┄┄┄┄┄┄┄┄┐
　　月食は，月が[　　　　　　　　　]ことで起こる。
　└┄┄┄┄┄┄┄┄┄┄┄┄┄┄┄┄┄┄┄┄┄┄┄┘

[

(2) **図1**の@〜©は，静岡県のある場所で，ある年の1月2日から1か月ごとに，南西の空を観察し，おうし座のようすをスケッチしたものであり，観察した時刻が示されている。また，**図1**の@には，おうし座の近くで見えた金星もスケッチした。

図1

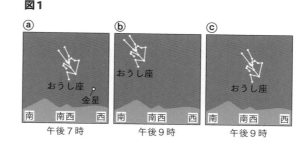

❶ **図1**の@〜©のスケッチを，観察した日の早い順に並べ，記号で答えなさい。

[　　　→　　　→　　　]

❷ **図2**は，**図1**の@を観察した日の，地球と金星の，軌道上のそれぞれの位置を表した模式図であり，このときの金星を天体望遠鏡で観察したところ，半月のような形に見えた。この日の金星と比べて，この日から2か月後の午後7時に天体望遠鏡で観察した金星の，形と大きさはどのように見えるか。次の**ア**〜**エ**の中から，最も適切なものを1つ選び，記号で答えなさい。ただし，地球の公転周期は1年，金星の公転周期は0.62年とし，金星は同じ倍率の天体望遠鏡で観察したものとする。

図2

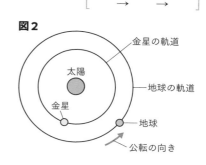

　ア 2か月前よりも，細長い形で，小さく見える。

　イ 2か月前よりも，丸い形で，小さく見える。

　ウ 2か月前よりも，細長い形で，大きく見える。

　エ 2か月前よりも，丸い形で，大きく見える。　　　　　　　　　[　　　]

1 エンドウの〔観察〕と，メンデルが行ったエンドウの交配（かけ合わせ）実験の結果の一部をまとめた〔資料〕について，あとの(1)～(4)の問いに答えなさい。〈宮城県・改〉

〔観察〕

1 エンドウの花の形を観察すると，**図1**のように，3種類の花弁があり，おしべとめしべは見えなかった。

2 エンドウの花をカッターナイフで切って断面をルーペで観察すると，**図2**のように，花弁の内側におしべとめしべがあり，子房の中には胚珠が見られた。

3 エンドウの葉を観察すると，**図3**のように葉脈が網目状に通っていた。

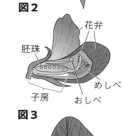

図1
花弁

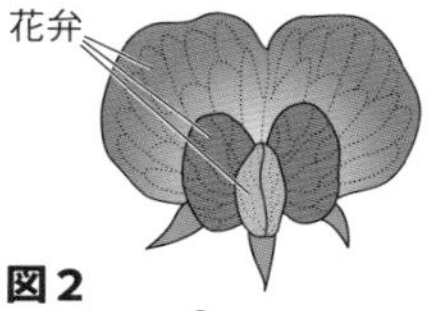

図2
花弁
胚珠
めしべ
子房
おしべ

図3

〔資料〕 丸形の種子をつくる純系のエンドウの種子と，しわ形の種子をつくる純系のエンドウの種子を，土にまいて育て交配すると，得られた種子は，①すべて丸形になった。この交配によって得られた種子を，すべて土にまいて育て，自然の状態で受粉させると，②丸形の種子が5474個，しわ形の種子が1850個できた。

(1) 花弁のつき方と葉脈の通り方の特徴をもとに植物を分類したとき，エンドウと同じなかまに分類される植物を，次の**ア**～**エ**から1つ選び，記号で答えなさい。　　［　　　］

　　ア アブラナ　　**イ** ツユクサ　　**ウ** アサガオ　　**エ** タンポポ

(2) エンドウは，自然の状態で自家受粉します。自然の状態でエンドウが行う自家受粉のしくみを，エンドウの花のつくりをもとに，簡潔に述べなさい。

　　［　　　　　　　　　　　　　　　　　　　　　　　　　　　　　　　　　　　］

(3) 下線部①について説明した次の文の**a**，**b**にあてはまる語句を，**ア**，**イ**からそれぞれ1つ選び，記号で答えなさい。ただし，エンドウの種子の形を決める遺伝子を，丸形はA，しわ形はaと表します。

> 遺伝子の組み合わせが**a**〔**ア** AAの受精卵とAaの受精卵　**イ** Aaの受精卵のみ〕ができ，**b**〔**ア** 顕性形質　**イ** 潜性形質〕が現れたから。

　　　　　　　　　　　　　　　　　　　　　　　　　　　　a［　　　］　**b**［　　　］

(4) 下線部②をすべて土にまいて育てたエンドウと，しわ形の種子をつくる純系のエンドウの交配によって得られた種子では，丸形の種子としわ形の種子の個数の比はどのようになると予想されるか。最も簡単な整数の比で答えなさい。

　　　　　　　　　　　　　　　　　　　　［ 丸形：しわ形＝　　　：　　　 ］

② 図1のような装置を用いて，球がもつ位置エネルギーについて調べる実験を行った。実験では，質量20gの球X を，球の高さが10cm，20cm，30cmの位置から斜面にそって静かにすべらせて木片に衝突させ，木片が動いた距離をそれぞれはかった。

次に，球Xを，質量30gの球Y，質量40gの球Zにかえて，それぞれ実験を行った。図2は，実験の結果をもとに，球の高さと木片が動いた距離の関係をグラフで表したものである。

ただし，球とレールの間の摩擦や空気の抵抗は考えないものとし，球がもつエネルギーは全て衝突によって木片を動かす仕事に使われるものとする。また，質量100gの物体にはたらく重力の大きさを1Nとする。〈福岡県〉

図1

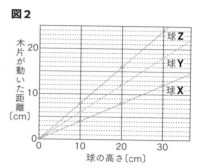

図2

(1) 球Xは斜面をすべらせた後，一定の速さでA点からB点を通ってC点まで水平なレール上を転がった。このように，一定の速さで一直線上を進む運動を何というか。

また，図3は，球XがB点を通過しているときの球Xを表している。このときの球Xにはたらく垂直抗力を，解答欄の図3に力の矢印で示せ。なお，力の作用点を・で示すこと。ただし，図3の1目盛りを0.1Nとする。

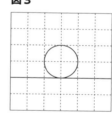

図3

[　　　　　　　　　　　]

(2) 図1の装置を用いて，質量のわからない球Mを，球の高さが10cmの位置から斜面にそって静かに転がすと，木片が11cm動いた。球Mの質量は何gか。　　[　　　　g]

(3) 実験後，図4のような装置をつくり，球の運動のようすを調べた。実験では，球XをP点から斜面にそって静かに転がした。このとき，球Xは，Q点，R点，S点を通ってT点に達した。図5は，球XがP点からS点に達するまでの，球Xがもつ位置エネルギーの変化を，模式的に示したものである。球XがP点からS点に達するまでの，球Xがもつ運動エネルギーの変化を図5に記入せよ。

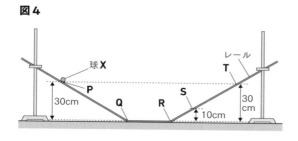

図4

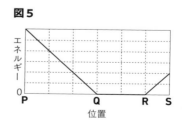

図5

③ 塩化銅水溶液に電流を流したときの変化を調べる実験を行った。(1)〜(4)に答えなさい。

〈徳島県・改〉

実験

① 図のように，10%塩化銅水溶液100gが入ったビーカーに，2本の炭素棒の電極X，Yを入れ，電源装置につないだ。

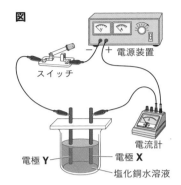

② 電源装置の電圧を6Vにし，スイッチを入れて電流を流し，2本の電極X，Yで起こる変化と水溶液の色の変化を観察した。電極Xからは気体Aが発生し，電極Yの表面には，赤色の固体Bが付着していた。5分間電流を流した後，スイッチを切った。

③ 発生した気体Aがとけていると考えられる電極X付近の水溶液をスポイトでとり，赤インクで着色した水の入った試験管にその液を入れ，色の変化を調べた。

④ 電極Yの表面に付着した固体Bをとり出して乾燥させ，薬さじで強くこすった。

⑤ スイッチを切ったときの水溶液の色を観察した。

⑥ 新たに10%塩化銅水溶液100gとあらかじめ質量を測定した電極Yを用意し，①・②を行った。その後，電極Yをとり出して付着した赤色の固体Bがとれないように注意して水で洗い，十分に乾燥させ質量を測定した。

(1) 実験③では，発生した気体Aを含む水溶液によって赤インクの色が脱色され，実験④では，固体Bを薬さじで強くこすると金属光沢が見られた，気体Aと固体Bの化学式をそれぞれ書きなさい。　　　　気体A〔　　　　　〕　　固体B〔　　　　　〕

(2) 電極Xについて述べた次の文のa，bに当てはまる語句として正しいものをア，イからそれぞれ選びなさい。

> 電極Xはa〔ア　陽極　イ　陰極〕であり，b〔ア　陰イオン　イ　陽イオン〕が引きつけられた。

a〔　　　〕　b〔　　　〕

(3) 実験⑤で，電流を流した後の塩化銅水溶液の色は，最初よりうすくなっていた。色がうすくなっていたのはなぜか。その理由を書きなさい。

〔　　　　　　　　　　　　　　　　　　　　　　　　　　　　　　　　　　　　　　〕

(4) 実験⑥で，電流を流した後の電極Yの質量は，電流を流す前より1.0g増加していた。電流を流した後の塩化銅水溶液の質量パーセント濃度は何%か，小数第2位を四捨五入して，小数第1位まで求めなさい。ただし，塩化銅に含まれる銅と塩素の質量の比は，10：11である。　　　　　　　　　　　　　　　　　　　〔　　　　　%〕

④ **表**は，ある地震の，地点**A〜C**における観測記録である。また，**図1**は，ある年の1年間に□で囲んだ部分で発生した地震のうち，マグニチュードが1.5以上のものの震源の分布を表したもので，震源を・で表している。なお，地震の波の伝わる速さは一定であるものとする。あとの問いに答えなさい。〈兵庫県・改〉

表

地点	震源からの距離	初期微動が始まった時刻	主要動が始まった時刻
A	72km	8時49分24秒	8時49分30秒
B	60km	8時49分21秒	8時49分26秒
C	96km	8時49分30秒	8時49分38秒

図1

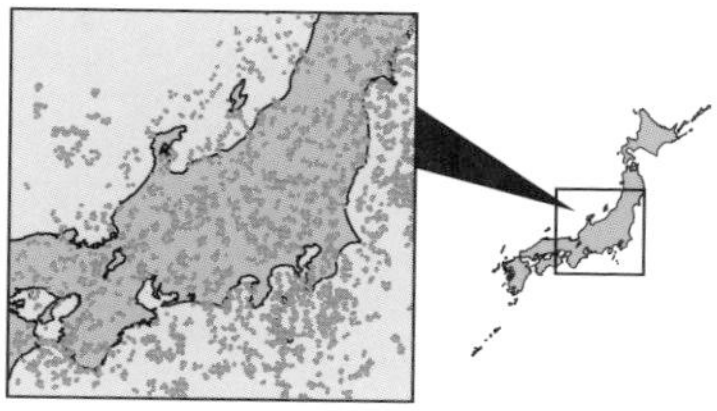

（1） 地震について説明した文の組み合わせとして適切なものを，あとの**ア〜エ**から1つ選んで，その記号を書きなさい。

❶ 地震が起こると，震源では先にP波が発生し，遅れてS波が発生する。

❷ 初期微動は伝わる速さが速いP波によるゆれである。

❸ 震源からの距離が遠くなるほど初期微動継続時間が短くなる。

❹ 震源の深さが同じ地震では，地盤の性質が同じであるときマグニチュードの値が大きいほど，ゆれが伝わる範囲が広いことが多い。

ア ❶と❸　　**イ** ❶と❹　　**ウ** ❷と❸　　**エ** ❷と❹　　　　［　　　］

（2） **表**の地震の発生時刻は8時49分何秒か。

［8時49分　　　秒］

（3） **表**の地震において，地点**B**で初期微動が始まってから4秒後に，各地に同時に緊急地震速報が届いたとすると，震源からの距離が105kmの地点では，緊急地震速報が届いてから何秒後に主要動が始まるか。

［　　　秒後］

（4） **図2**は，**図1**の□の部分の地下の深さ500kmまでを立体的に示したものである。また，次の**ア〜エ**は，**図2**の矢印**W〜Z**のいずれかの向きに見たときの震源の分布を模式的に表した図で，震源を・印で表している。矢印**W**の向きに見たものとして適切なものを，次の**ア〜エ**から1つ選んで，その記号を書きなさい。

図2

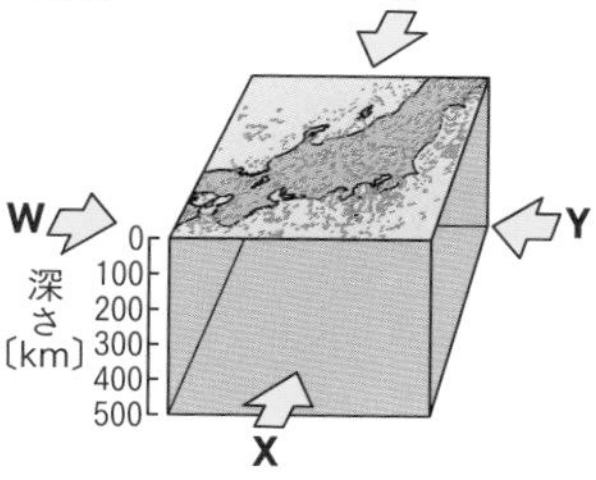

ア 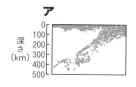　**イ** 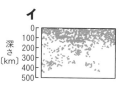　**ウ** 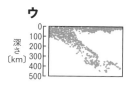　**エ**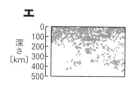

［　　　］

生物

>> ①植物の分類

植物の分類

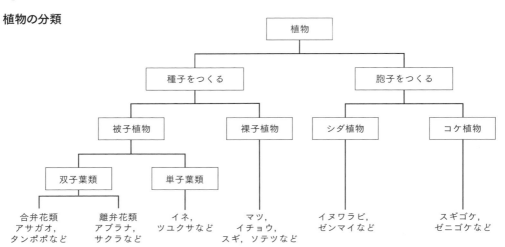

```
                        ┌─────────┐
                        │  植物   │
                        └─────────┘
            ┌──────────────────┴──────────────────┐
      ┌───────────┐                        ┌───────────┐
      │ 種子をつくる │                        │ 胞子をつくる │
      └───────────┘                        └───────────┘
       ┌──────┴──────┐                    ┌──────┴──────┐
  ┌─────────┐   ┌─────────┐        ┌─────────┐   ┌─────────┐
  │ 被子植物 │   │ 裸子植物 │        │ シダ植物 │   │ コケ植物 │
  └─────────┘   └─────────┘        └─────────┘   └─────────┘
   ┌────┴────┐
┌───────┐ ┌───────┐
│ 双子葉類 │ │ 単子葉類 │
└───────┘ └───────┘
```

合弁花類	離弁花類	イネ,	マツ,	イヌワラビ,	スギゴケ,
アサガオ,	アブラナ,	ツユクサなど	イチョウ,	ゼンマイなど	ゼニゴケなど
タンポポなど	サクラなど		スギ, ソテツなど		

単子葉類と双子葉類の特徴

	子葉	葉脈	茎の維管束	根	例
双子葉類	2枚	網目状	道管（内側）師管（外側） 輪の形	主根と側根	アブラナ エンドウ タンポポ アサガオ ツツジ
単子葉類	1枚	平行	道管（内側）師管（外側） 放射状にちらばる	ひげ根	ユリ アヤメ トウモロコシ ツユクサ

>> ②脊椎動物の分類

	魚類	両生類	は虫類	鳥類	ほ乳類
生まれ方	卵生				胎生
呼吸器官	えら	子はえらと皮膚, 親は肺と皮膚	肺		
生活場所	水中	幼生は水中, 成体は陸上	陸上		
体温	変温			恒温	
体表	うろこ	湿った皮膚	うろこ	羽毛	毛
動物の例	メダカ, サメ	カエル, イモリ, サンショウウオ	トカゲ, ワニ, ヤモリ, ヘビ, カメ	ハト, ペンギン	イヌ, クジラ, コウモリ

≫ ③血液循環／刺激と反応／消化器官

肺循環と体循環

意識して起こる反応の経路

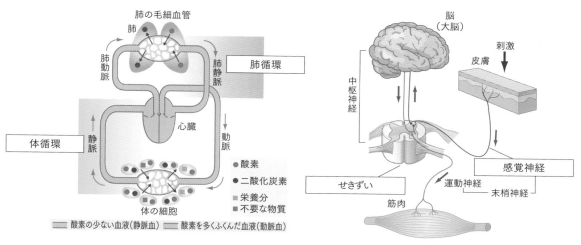

三大栄養素の消化

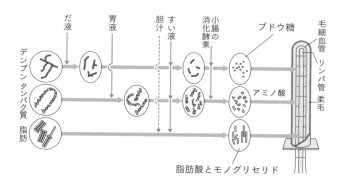

≫ ④遺伝

エンドウの種子の遺伝

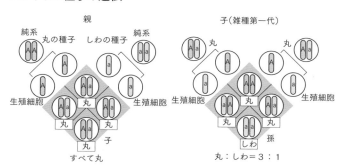

化 学

≫ ①身の回りの物質

$$\text{密度〔g/cm}^3\text{〕} = \frac{\text{物質の質量〔g〕}}{\text{物質の体積〔cm}^3\text{〕}} \qquad \text{質量パーセント濃度〔%〕} = \frac{\text{溶質の質量〔g〕}}{\text{溶液の質量〔g〕}} \times 100$$

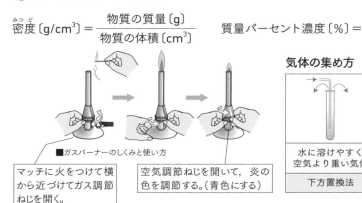

■ガスバーナーのしくみと使い方

マッチに火をつけて横から近づけてガス調節ねじを開く。

空気調節ねじを開いて，炎の色を調節する。（青色にする）

気体の集め方

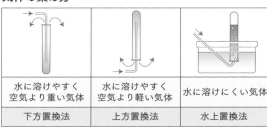

水に溶けやすく空気より重い気体	水に溶けやすく空気より軽い気体	水に溶けにくい気体
下方置換法	上方置換法	水上置換法

≫ ②化学変化

炭酸水素ナトリウムの熱分解

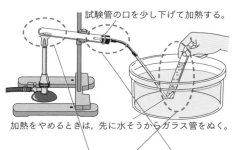

試験管の口を少し下げて加熱する。

加熱をやめるときは，先に水そうからガラス管をぬく。

$$2NaHCO_3 \rightarrow Na_2CO_3 + CO_2 + H_2O$$
（炭酸水素ナトリウム）（炭酸ナトリウム）
白色・弱アルカリ　　白色・強アルカリ

鉄と硫黄の反応

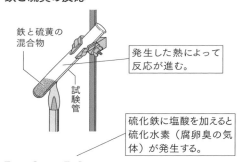

鉄と硫黄の混合物

発生した熱によって反応が進む。

試験管

硫化鉄に塩酸を加えると硫化水素（腐卵臭の気体）が発生する。

$$Fe + S \rightarrow FeS$$
（鉄）（硫黄）（硫化鉄）

≫ ③化学変化とイオン

塩酸と水酸化ナトリウム水溶液の中和

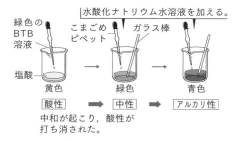

水酸化ナトリウム水溶液を加える。

緑色のBTB溶液

こまごめピペット　ガラス棒

塩酸

黄色	緑色	青色
酸性	中性	アルカリ性

中和が起こり，酸性が打ち消された。

$$HCl \rightarrow H^+ + Cl^-$$

$$NaOH \rightarrow Na^+ + OH^-$$

$$HCl + NaOH \rightarrow NaCl + H_2O$$

ダニエル電池

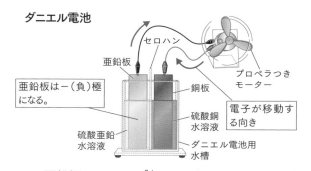

セロハン

亜鉛板

銅板

プロペラつきモーター

亜鉛板は－（負）極になる。

電子が移動する向き

硫酸銅水溶液

硫酸亜鉛水溶液

ダニエル電池用水槽

亜鉛板　$Zn \rightarrow Zn^{2+} + 2e^-$（イオンとなってとけ出す）

銅板　　$Cu^{2+} + 2e^- \rightarrow Cu$（銅板に付着）

物 理

≫ ① 身近な物理現象

光の性質

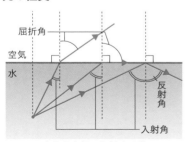

水から空気へ入射する光

入射角と反射角は等しい。

入射角よりも屈折角のほうが大きい。

音の波形

1秒間に振動する回数：振動数〔Hz〕

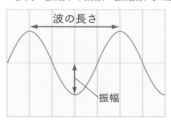

2力のつり合い

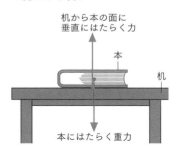

2力のつり合いの条件

- 2力の大きさが等しい［同じ］。
- 2力の向きが反対［逆］向き。
- 2力が一直線上にある。

≫ ② 電流と磁界

オームの法則

電圧〔V〕＝抵抗〔Ω〕×電流〔A〕

電力〔W〕＝電圧〔V〕×電流〔A〕

熱量〔J〕＝電力量〔J〕＝電力〔W〕×時間〔s〕

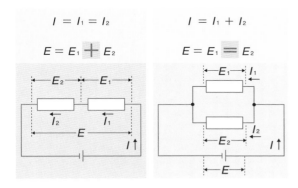

電磁誘導

磁石またはコイルを動かすと磁界が変化して電流が流れる。

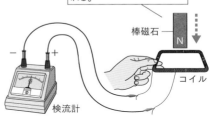

磁石の極を変える

→ 誘導電流の向きは反対［逆］向きになる。

磁石を速く動かす

→ 誘導電流が大きくなる。

≫ ③ 仕事とエネルギー

仕事〔J〕＝力の大きさ〔N〕×力の向きに動かした距離〔m〕

$$仕事率〔W〕 = \frac{仕事〔J〕}{仕事にかかった時間〔s〕}$$

ふりこの位置が低くなるほど位置エネルギーが減少し，運動エネルギーが増加する。
→力学的エネルギーは一定。

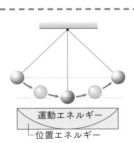

地学

空欄にあてはまる言葉や数を書きなさい。

>> ①大地の変化

堆積岩の分類

堆積岩の名称	れき岩	砂岩	泥岩	凝灰岩	石灰岩	チャート
つくり	1mm	1mm	2mm	1mm	1mm	5mm
堆積したもの	れきが堆積してできた。(直径2mm以上)	砂が堆積してできた。(直径0.06mm〜6mmの砂)	泥が堆積してできた。(直径0.06mm以下の泥)	火山灰などが堆積してできた。	生物の死がいが堆積してできた。石灰岩に塩酸をかけるとCO_2が発生する。石灰岩はサンゴや貝など, チャートは放散虫などの死がいが堆積してできた。	

火成岩のつくり

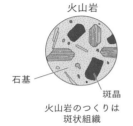

火山岩

石基
斑晶

火山岩のつくりは
斑状組織

深成岩

結晶

深成岩のつくりは
等粒状組織

地震

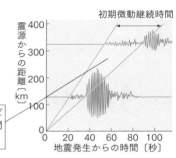

初期微動継続時間

震源からの距離〔km〕

地震発生からの時間〔秒〕

震源から遠くなるほど
初期微動継続時間
は長くなる。

>> ②天気の変化

$$湿度〔\%〕 = \frac{空気1m^3中に含まれる水蒸気量〔g/m^3〕}{その気温での飽和水蒸気量〔g/m^3〕} \times 100$$

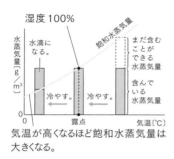

湿度100%

水蒸気量〔g/m³〕

水滴になる。

飽和水蒸気量

まだ含むことができる水蒸気量

含んでいる水蒸気量

冷やす。 冷やす。

露点 気温〔℃〕

気温が高くなるほど飽和水蒸気量は
大きくなる。

$$圧力〔Pa〕 = \frac{面に垂直に加わる力の大きさ〔N〕}{力が加わる面積〔m^2〕}$$

低気圧と高気圧

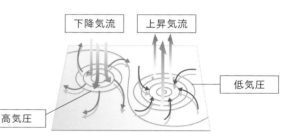

下降気流 上昇気流

低気圧

高気圧

日本周辺の天気図

冬
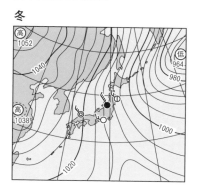

春
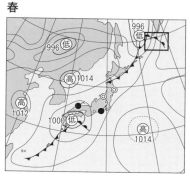

梅雨
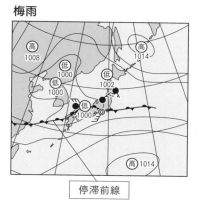

停滞前線

≫ ③天体

日周運動・年周運動

夏至の日の
地球の位置

春分の地球の位置

しし座

公転の向き

自転の向き

北極星

さそり座

☀太陽

オリオン座

地球

ペガスス座

星は，１時間で約15度，１か月で同時刻に約
30度，東から西へ移動するように見える。

月の満ち欠け

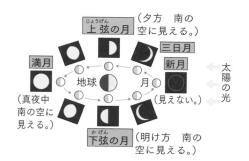

上弦の月（じょうげん）

（夕方　南の
空に見える。）

満月

三日月

新月

（見えない。）

太陽の光

地球

月

（真夜中
南の空に
見える。）

下弦の月（かげん）

（明け方　南の
空に見える。）

金星の見え方

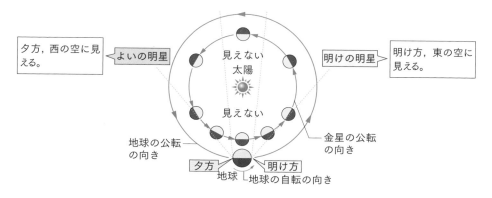

夕方，西の空に見
える。

よいの明星

見えない
太陽

見えない

明けの明星

明け方，東の空に
見える。

地球の公転
の向き

金星の公転
の向き

夕方

明け方

地球　地球の自転の向き

047

監修　佐川 大三

京都大学卒。リクルート運営の映像配信講座「スタディサプリ　中学講座」にて、理科の授業を担当。楽しく教え、受講者のモチベーションを上げてくれると評判の指導者。関西地区では中学受験、高校受験、大学受験生に理科を指導する、理科教育のエキスパート。
著書・監修書に『「カゲロウデイズ」で中学理科が面白いほどわかる本』『改訂版　ゼッタイわかる　中1理科』『改訂版　ゼッタイわかる　中2理科』『改訂版　ゼッタイわかる　中3理科』『高校入試　KEY POINT　入試問題で効率よく鍛える　一問一答 中学理科』（以上、KADOKAWA）、『中学理科のなぜ?が1冊でしっかりわかる本』（かんき出版）などがある。

高校入試　7日間完成

塾で教わる

中学3年分の総復習　理科

2023年11月10日　初版発行

監修／佐川 大三

発行者／山下 直久

発行／株式会社KADOKAWA
〒102-8177　東京都千代田区富士見2-13-3
電話0570-002-301（ナビダイヤル）

印刷所／株式会社加藤文明社印刷所

製本所／株式会社加藤文明社印刷所

●お問い合わせ
https://www.kadokawa.co.jp/（「お問い合わせ」へお進みください）
※内容によっては、お答えできない場合があります。
※サポートは日本国内のみとさせていただきます。
※Japanese text only

定価はカバーに表示してあります。
©KADOKAWA CORPORATION 2023 Printed in Japan
ISBN 978-4-04-606393-9 C6040

高校入試
7日間完成

塾で教わる

中学3年分
の総復習

理科

解答・解説

この別冊を取り外すときは、本体からていねいに
引き抜いてください。なお、この別冊抜き取りの際
に損傷が生じた場合のお取り替えはお控えください。

KADOKAWA

STEP 1

解答

❶❶ ＝　　　　❷ ＞
　❸ ＜　　　　❹ 全反射
　❺ 大きい　　❻ 虚像
　❼ 逆　　　　❽ 同じ
❷❶ 大きく　　❷ 高く
　❸ 振幅　　　❹ 小さい
　❺ 振動数　　❻ 高い

STEP 2

解答

❶❶ 単子葉類　　❷ 1
　❸ 側根　　　　❹ ひげ根
　❺ 種子植物　　❻ コケ植物
　❼ 裸子植物　　❽ シダ植物
　❾ コケ植物
❷❶ 葉緑体　　　❷ デンプン
　❸ 呼吸　　　　❹ 水蒸気
　❺ 気孔

STEP 3

解答

❶ (1) ウ
　(2) 15 (cm)
　(3) 小さくなる [短くなる]
　(4) 虚像
　(5) イ
❷ (1) 振幅
　(2) 250 (Hz)
　(3) 弦をはじく強さ…強くした
　　　弦の長さ…短くした
❸ 2040 (m)

解説

❶

(1) スクリーンにうつる像は実像であり，実物とは上
　下左右が逆向きである。

(2) 光源と凸レンズの距離が焦点距離の2倍のとき，凸
　レンズと反対側の焦点距離が2倍の位置に実物と
　同じ大きさの実像ができる。よって，この実験で
　用いた凸レンズの焦点距離は，30 ÷ 2 = 15 (cm)

(3) 光源から凸レンズまでの距離が焦点距離の2倍よ
　りも離れているとき，実像ができる位置は，焦点
　と焦点距離が2倍の位置の間になる。また，実像
　の大きさは実物より小さくなる。

(4) 光源から凸レンズまでの距離が5cmのとき，焦点
　よりも内側に光源があるので実像ができず，凸レ
　ンズを通して虚像が見える。

(5) 虚像は実際に光が集まってできる像ではなく，実
　物と比べて上下左右が同じ向きで大きく見える。

❷

(2) 4目盛りで1回振動しているので，振動数は，
　1 ÷ (0.001 × 4) = 250 (Hz)

(3) 1回目と比べて2回目の波形は，振幅が大きく，振
　動数が多い。よって，1回目と比べて2回目では弦
　を強くはじいて音が大きくなり，弦を短くして音
　が高くなったとわかる。

❸

340 (m/s) × 6 (s) = 2040 (m)

STEP 4

解答

 ウ

② (1) 対照実験

(2) 二酸化炭素

(3) ❶ 呼吸　❷ 光合成　❸ 呼吸

③ (1) 蒸散

(2) 気孔

(3) イ

解説

イヌワラビは根・茎・葉の区別があるシダ植物，ゼニ
ゴケは根・茎・葉の区別がないコケ植物である。

(2)(3) BTB溶液ははじめ中性（緑色）だったが，**A** で
はオオカナダモが二酸化炭素を吸収したことにより
アルカリ性（青色）になった。光が当たり，呼吸
より光合成がさかんに行われたためである。また，
光が当たらないと呼吸のみが行われる。

(1)(2) 蒸散は気孔で行われる。

(3) **A** ではどこにもワセリンはぬられず，**B** では葉の表
側にワセリンをぬっているので，**A**，**B** の水の減少
量の差は葉の表側からの水の放出量を表す。

　水面に油を浮かべるのは，水面からの蒸発を防
ぐため。

DAY 2

化学 **物質の分類・溶解
度と濃度**

地学 **地層と岩石・地震の
伝わり方**

STEP 1

解答

① ❶ 有機物　❷ 無機物
　❸ 熱　❹ 光沢［金属光沢］
　❺ のびる　❻ 質量
　❼ 体積

② ❶ 溶媒　❷ 溶質
　❸ 溶液　❹ 飽和
　❺ 結晶　❻ 溶質
　❼ 溶液

STEP 2

解答

① ❶ 砂岩　❷ 凝灰岩
　❸ チャート　❹ 火山岩
　❺ 深成岩　❻ 安山岩
　❼ 花崗岩
② ❶ 初期微動　❷ P
　❸ 主要動　❹ S
　❺ 大陸　❻ 大陸
　❼ 活断層　❽ 震度
　❾ 10　❿ マグニチュード

解答

❶ (1) 3.5 (cm³)
(2) 0.96 (g/cm³)
(3) **Q, T** (4) **S**

❷ (1) 8.0 (g)
(2) 飽和水溶液
(3) 28.1 (%)
(4) ビーカー…**D** 質量…48.0 (g)

解説

❶

(1) メスシリンダーの水面は1目盛りの$\frac{1}{10}$まで目分量で読み取るので, 問題の図の水面は53.5 cm³である。したがって, 小片**P**の体積は, 53.5 − 50.0 = 3.5 (cm³)

(2) $\frac{6.24 〔g〕}{6.5 〔cm^3〕} = 0.96 〔g/cm^3〕$

(3) (2)と同様に密度を求めると, 小片**P**の密度は1.58g/cm³, 小片**Q**と**T**の密度は0.90g/cm³, 小片**S**の密度は1.40g/cm³なので, 小片**Q**と**T**が同じ物質でできている。

(4) 同じ質量で比べたとき体積が2番目に小さい小片は, 密度が2番目に大きい小片**S**である。

❷

(1) 30 − 22.0 = 8.0 〔g〕

(3) 60℃の水50gに溶ける塩化ナトリウムの質量は,
$39.0 × \frac{50}{100} = 19.5 〔g〕$ よって, 質量パーセント濃度は, $\frac{19.5}{50 + 19.5} × 100 = 28.05…$ より, 28.1%。

(4) 60℃と0℃の溶解度の差が大きい硝酸カリウムを加えたビーカー**D**でより多くの結晶が現れる。その質量は, $(109.2 − 13.3) × \frac{50}{100} = 47.95$ より, 48.0g。

解答

❶ (1) **ア**
(2) 等粒状組織
(3) **エ**
(4) **c**…石基 **d**…斑晶
(5) **B**…**エ** **C**…**オ** **E**…**ウ**

❷ (1) 初期微動
(2) 3 (km/s)
(3) 105 (km)
(4) **Y**…2(時)35(分)03(秒)
Z…2(時)35(分)05(秒)

解説

❶

(1) フズリナやサンヨウチュウは古生代の示準化石である。

(4) **D**は火山岩の玄武岩で, 非常に小さな粒(石基)の間に比較的大きな結晶(斑晶)が散らばったつくりをしている。

(5) **C**は粒が非常に小さいので泥岩, **E**は粒の直径が2mm以上なのでれき岩である。

❷

(2) 地点**B**, **D**の観測結果から,
$\frac{(147 − 84) 〔km〕}{(40 − 19) 〔s〕} = 3 〔km/s〕$

(3) 地点**B**, **C**における S波の到達時刻の差は7秒なので, 84 + 3 × 7 = 105 〔km〕

(4) 地点**A**, **D**の観測結果から, P波の伝わる速さは,
$\frac{(147 − 42) 〔km〕}{15 〔s〕} = 7 〔km/s〕$ 地点**A,B**の震源からの距離の差42kmをP波が伝わる時間は,
$\frac{42 〔km〕}{7 〔km/s〕} = 6 〔s〕$ よって, **Y**にあてはまる時刻は2時34分57秒の6秒後。

STEP 1

解答

❶ ①電圧　②抵抗［電気抵抗］

❸＋　④$\dfrac{1}{R_2}$

⑤電圧　⑥時間

❷ ①電流　②磁界

③電流　④力

⑤磁界　⑥誘導電流

⑦逆

STEP 2

解答

❶ ①節　②甲殻類

③昆虫類　④腹部

⑤胸部　⑥外とう膜

⑦貝殻　⑧えら

⑨肺　⑩外とう膜

❷ ①両生類　②ひれ

③卵生　④ある

⑤肺　⑥羽毛

STEP 3

解答

❶ (1) オームの法則

(2) 50〔Ω〕

(3) 75〔Ω〕

(4) 1.0〔V〕

(5) 0.5 $\left[\dfrac{1}{2}\right]$〔倍〕

❷ (1) 比例［比例の関係］

(2) 9〔W〕

(3) 6.4〔℃〕

(4) 1620〔J〕

❸ (1) 電磁誘導

(2) 誘導電流

(3) 向き…右側　大きさ…大きくなる

解説

❶

(2) 1A = 1000mA なので，$\dfrac{5.0〔V〕}{0.1〔A〕} = 50〔Ω〕$

(3) $\dfrac{3.0〔V〕}{0.04〔A〕} = 75〔Ω〕$

(4) 電熱線 b の抵抗は，75 − 50 = 25〔Ω〕　よって，電熱線 b に加わる電圧は，25〔Ω〕× 0.04〔A〕= 1.0〔V〕

(5) 電熱線 a に流れる電流は，$\dfrac{6.0〔V〕}{50〔Ω〕} = 0.12〔A〕$，電熱線 b に流れる電流は，$\dfrac{6.0〔V〕}{25〔Ω〕} = 0.24〔A〕$

❷

(1) 電流を流す時間と水の上昇温度のグラフは原点を通る直線になっている。

(2) $6.0〔V〕× \dfrac{6.0〔V〕}{4〔Ω〕} = 9〔W〕$

(3) 電熱線 Q では水温が1分あたり0.8℃上昇しているので，0.8 × 8 = 6.4〔℃〕

(4) 9〔W〕×（3 × 60）〔s〕= 1620〔J〕

❸

(1)(2) コイルに棒磁石を近づけると，コイル内部の磁界が変化することによって電圧が生じる。このような現象を電磁誘導といい，電磁誘導によって流れる電流を誘導電流という。

(3) コイルに近づける磁石の極を変えると，誘導電流の向きが逆向きになる。また，磁石を動かす速さ

が速くなると，誘導電流が大きくなる。

STEP 4

解答

① (1) 胎生
(2) A…エ B…ウ C…ア D…イ
(3) 甲殻（類）
(4) イ

解説

①

(1) 子が母体内である程度成長してから生まれる生まれ方を胎生，卵で生まれる生まれ方を卵生という。
(2) 図の動物のうち，ウサギ（哺乳類），ハト（鳥類），ヘビ（は虫類），カエル（両生類），メダカ（魚類）は背骨をもつ脊椎動物，カニ，アサリ，クラゲは背骨をもたない無脊椎動物である。ハト（鳥類），ヘビ（は虫類），カエル（両生類）は肺で呼吸する時期があるが，メダカ（魚類）は一生えらで呼吸する（**A**）。ハト（鳥類），ヘビ（は虫類）は殻のある卵を産むが，カエル（両生類）は殻のない卵を産む（**B**）。ハト（鳥類）は体が羽毛でおおわれているが，ヘビ（は虫類）は体がうろこでおおわれている（**C**）。アサリは内臓が外とう膜でおおわれた軟体動物，クラゲはその他の無脊椎動物である（**D**）。
(3) カニやエビ，ザリガニなどが甲殻類に分類される。
(4) サケは魚類，ワニはは虫類，イカは軟体動物，オオサンショウウオは両生類である。

STEP 1

解答

① ❶原子 ❷分子
❸元素記号 ❹C
❺酸素 ❻Na
❼塩素 ❽Al
❾Fe ❿亜鉛
⓫マグネシウム ⓬単体
⓭化合物
② ❶2 ❷Na_2CO_3
❸4Ag ❹O_2
❺酸素 ❻酸素
❼2Cu
③ ❶質量

STEP 2

解答

① ❶水蒸気 ❷水滴
❸飽和水蒸気量 ❹100
❺大きく［多く］
② ❶高気圧 ❷低気圧
❸高い ❹低い
❺等圧線 ❻せまい
③ ❶東 ❷小笠原
❸南東 ❹オホーツク
❺小笠原 ❻停滞［梅雨］
❼シベリア ❽北西
❾西高東低

解答

1 (1) **B, H**
  (2) **C, D, F, I**
  (3) 単体
  (4) **A, E, G, J**
  (5) 化合物
  (6) **C, E, G, I**

2 (1) 質量保存の法則
  (2) **X**…NaCl **Y**…CO_2
  (3) 3.2(g)

解説

1

(1) 空気は窒素や酸素，二酸化炭素などが混ざり合った混合物，塩酸は塩化水素と水が混ざり合った混合物である。

(2)(3) 水素(H_2)，銀(Ag)，銅(Cu)，窒素(N_2)は1種類の元素だけでできている単体である。

(4)(5) 塩化ナトリウム(NaCl)，水(H_2O)，二酸化炭素(CO_2)，酸化銀(Ag_2O)は2種類以上の元素でできている化合物である。

2

(1) 容器のふたをゆるめる前は発生した気体が容器内にあるので，全体の質量は反応前と変わらない。

(2) 化学反応式では，矢印の左辺と右辺で原子の数と種類が等しくなるので，ボックス **X** にあてはまる化学式はNaCl，ボックス **Y** にあてはまる化学式はCO_2である。

(3) 表より，加えた炭酸水素ナトリウムの質量が0.5gのとき発生した気体の質量は0.2gで，炭酸水素ナトリウムの質量が0.5gずつ大きくなるにつれて発生した気体の質量は0.4g，0.6g，0.8gと大きくなり，炭酸水素ナトリウムの質量が2.0g以上では発生した気体の質量が0.8gで一定となっている。よって，うすい塩酸$25cm^3$とちょうど反応する炭酸水素ナトリウムの質量は2.0gとわかる。うすい塩酸$40cm^3$とちょうど反応する炭酸水素ナトリウムの質量をxgとすると，
$25 : 2.0 = 40 : x$　$x = 3.2$(g)

解答

1 (1) **B**
  (2) 28(℃)
  (3) 70(%)
  (4) 飽和水蒸気量
  (5) 19.0(g)
  (6) 20(℃)

2 (1) シベリア(気団)
  (2) 太平洋側…**イ**　日本海側…**エ**
  (3) 春
  (4) 風向…北寄り　気温…下がる
  (5) 停滞[梅雨](前線)

解説

1

(1) 水の蒸発熱により，湿球温度計の示度は，乾球温度計の示度よりも低くなる。ただし，湿度100%のときは，乾球と湿球の示度と同じになる。

(2) **A**の乾球温度計の示度は気温を表す。

(3) 乾球温度計の示度が28℃の行と，乾球温度計と湿球温度計の示度の差が(28 − 24 =)4.0℃の列が交わる70%が湿度である。

(5) $27.2 (g/m^3) \times \dfrac{70}{100} = 19.04 (g/m^3)$

(6) 15時の気温は26℃なので，空気$1m^3$にふくまれる水蒸気量は，$24.4 (g/m^3) \times \dfrac{70}{100} = 17.08 (g/m^3)$　飽和水蒸気量がこの値に最も近い気温は20℃である。

2

(1)(3) **X**は西高東低の気圧配置となっていることから冬，**Y**は日本付近に高気圧と低気圧がいくつか見られることから春，**Z**は日本列島に停滞前線が横たわっていることから梅雨の天気図である。

(4) **Q**点はこのあと寒冷前線が通過するので，風向が北寄りに変わり，気温が下がる。

STEP 1

解答

① ❶比例　　　　　　❷のび
　❸つり合っている　❹一直線上
　❺等しい［同じ］　❻反対［逆向き］
　❼同じ　　　　　　❽反対［逆向き］
　❾合成　　　　　　❿合力
　⓫分解　　　　　　⓬分力
　⓭対角線
② ❶平均　　　　　　❷瞬間
　❸位置　　　　　　❹m

STEP 2

解答

① ❶消化液　　　　　❷消化酵素
　❸ブドウ糖　　　　❹モノグリセリド
② ❶肺胞　　　　　　❷肺静脈
　❸大動脈　　　　　❹動脈血
　❺静脈血　　　　　❻右心房
　❼左心室
③ ❶中枢神経　　　　❷末梢神経
　❸網膜　　　　　　❹うずまき管
　❺虹彩　　　　　　❻感覚
　❼運動

STEP 3

解答

① (1) **A**…5（cm）　**B**…12（cm）
　(2) 7（個）
　(3) 95（g）
② (1) 0.1（秒）
　(2) 45（cm/s）
　(3) 右図
　(4)（例）等しい
　(5)（例）減少する

解説

①

(1) つるすおもりの数が1個増えるごとにばね**A**は3cm，
　　ばね**B**は2cm長くなっているので，もとの長さは
　　ばね**A**が5cm，ばね**B**が12cm。

(2) つるしたおもりの数をx個とすると，
　　$5 + 3x = 12 + 2x$　　$x = 7$〔個〕

(3) ばね**A**ののびは，$33.5 - 5 = 28.5$〔cm〕　よって，
　　物体の質量は，$10 \times \dfrac{28.5}{3} = 95$〔g〕

②

(1) $\dfrac{1}{50} \times 5 = 0.1$〔秒〕

(2) $(1.5 + 4.5 + 7.5) \div 0.3 = 45$〔cm/s〕

(3) Wの斜面に平行な分力と斜面に垂直な分力は，W
　　を平行四辺形の対角線としたときの2辺となる。

(4) 傾斜角が同じ斜面上では重力の斜面に平行な分力
　　は一定である。

(5) 台車の位置が低くなるほど，位置エネルギーは減
　　少し，運動エネルギーは増加する。

解答

① (1) 右心室
(2) A, C, E, G
(3) 体循環
(4) R
(5) T
② (1) 中枢神経
(2) 0.27〔秒〕
(3) 反射
(4) ウ

解説

①

(2) 静脈血は二酸化炭素を多くふくむ血液, 動脈血は酸素を多くふくむ血液である。肺と心臓をつなぐ血管以外では, 動脈（**B**, **F**, **H**）に動脈血が流れ, 静脈（**A**, **E**, **G**）に静脈血が流れる。肺で酸素をとり入れて二酸化炭素を放出するので, 肺動脈（**C**）には静脈血が流れ, 肺静脈（**D**）には動脈血が流れる。

(3) 心臓から肺以外の全身を通って再び心臓へ戻る経路を体循環, 心臓から肺を通って再び心臓へ戻る経路を肺循環という。

(4) 小腸で養分を吸収するので, 小腸を通ったあとの血管（**R**）（肝門脈）には, 食後, 最も多くの養分をふくむ血液が流れる。

(5) 尿素などの不要物をこしとって尿をつくるので, じん臓を通ったあとの血管（**T**）（じん静脈）には, 二酸化炭素以外の不要物が最も少ない血液が流れる。

②

(1) 脳と脊髄をまとめて中枢神経, 運動神経と感覚神経などをまとめて末梢神経という。

(2) 表は, 左手をにぎられてからとなりの人の右手をにぎるまでにかかった時間の8人分の合計を表しているので, その平均（2.19 + 2.12 + 2.17）÷ 3 = 2.16 を8でわり, 2.16 ÷ 8 = 0.27〔秒〕

(4) 刺激を手の皮膚で受けとったあと, 信号は感覚神経を通って脊髄へ送られ, 脊髄から出された命令の信号が運動神経を通って手の筋肉へ伝わる。そのあとで脳へ刺激の信号が伝わるので, 手を引っ込めたあとで「熱い」と感じる。

DAY 6

化学 **イオン, 化学電池と電気分解**
地学 **天体**

STEP 1

解答

① ❶ 電解質　❷ 非電解質
❸ 陽イオン　❹ 陰イオン
❺ Na^+　❻ 銅イオン
❼ 塩化物イオン　❽ NH_4^+
❾ OH^-　❿ SO_4^{2-}
② ❶ 電気　❷ −
❸ +　❹ 亜鉛
❺ 銅　❻ 電子
❼ Zn^{2+}　❽ 銅
❾ 放出

STEP 2

解答

① ❶ 南　❷ 高く
❸ 低く　❹ 日周
❺ 北
② ❶ 15　❷ 30
❸ 東　❹ 南
❺ 西
③ ❶ 三日月　❷ 満月
❸ 西　❹ 東

って，電気的な偏りが解消し，電圧を安定して得ることができる。

STEP 3

解答

(1) 電子
(2) 原子核
(3) ＋
(4) 陰イオン
(5) 記号…**ウ**　イオンの式…Cl^-
(6) 陽イオン
(7) 記号…**イ**　イオンの式…K^+

2 (1) 電解質
(2) **A**
(3) $Cu^{2+} + 2e^- \rightarrow Cu$
(4) 亜鉛
(5) Zn^{2+}, SO_4^{2-}

解説

1

(1) 原子核の外側にある **A** は電子で，−の電気をもっている。
(2)(3) 原子の中心にある **C** は原子核で，＋の電気をもった陽子（**B**）と電気をもっていない中性子（**D**）からできている。
(4) 原子が電子を受けとると，−の電気を帯びた陰イオンになる。
(5) ナトリウムイオン（Na^+），水素イオン（H^+），銅イオン（Cu^{2+}）は陽イオンである。
(6) 原子が電子を失うと，＋の電気を帯びた陽イオンになる。
(7) 硝酸イオン（NO_3^-），水酸化物イオン（OH^-），硫酸イオン（SO_4^{2-}）は陰イオンである。

2

(2)(4) 銅よりも亜鉛のほうがイオンになりやすいので，亜鉛板上では亜鉛原子が電子を放出して亜鉛イオンとなる。放出された電子は亜鉛板から銅板へ向かって移動し（**B**），電流の向きはその反対向き（**A**）となる。
(3) 銅板上では，銅イオン1つあたり電子を2つ受けとって銅原子となり，銅板に赤色の固体として付着する。
(5) 電流が流れるにつれて，硫酸亜鉛水溶液中では亜鉛イオンの割合が，硫酸銅水溶液中では硫酸イオンの割合が大きくなるため，電気的な偏りが生じるが，これらのイオンがセロハン膜を通ることによ

STEP 4

❶ (1) B…西　C…北
(2) (例)地球が一定の速さで自転していること。
　　(例)太陽の見かけの速さが一定であること。
(3) 4(時)25(分)
(4) エ

❷ (1) 上弦の月…E　新月…C
(2) 月食
(3) G
(4) ウ

解説

❶

(1) 太陽が高くのぼる **A** が南なので，その反対側の **C** は北で，**B** は西，**D** は東である。

(2) 太陽が透明半球上を移動するのは，地球の自転による見かけの動きである。よって，1時間ごとの太陽の移動距離が等しかったことから，地球が一定の速さで自転していることがわかる。太陽の見かけの速さが一定であるという答えでもよい。

(3) 透明半球上を太陽は1時間で3.6cm移動しているので，日の出から9時までの16.5cmを移動するのにかかった時間を x 分とすると，$60：3.6 = x：16.5$　$x = 275$〔分〕　9時から275分前は，4時25分である。

(4) 夏至の日と比べて冬至の日には，日の出の位置・日の入りの位置の両方が南よりになり，南中高度が低くなり，昼の時間が短くなる。

❷

(1) 上弦の月は，地球から見て右側から太陽の光が当たる **E**。新月は，地球から見て太陽と同じ方向にある **C**。

(2)(3) 月が **G** の位置にあり，太陽・地球・月の順で一直線上に並んだときに，地球の影に月がかくされる現象を月食という。

(4) 新月→三日月→上弦の月→満月→下弦の月→新月というように，右側から満ちて右側から欠けていく。

生物 遺伝
環境 生物と環境

STEP 1

❶ ❶染色体　　❷2
　　❸小さい　　❹大きく
❷ ❶体細胞　　❷生殖
　　❸減数
❸ ❶染色体　　❷対立
　　❸顕性(の)　　❹潜性(の)

STEP 2

❶ ❶食物網　　❷有機物
　　❸草食　　　❹肉食
　　❺無機物　　❻菌
　　❼細菌　　　❽少ない
　　❾植物[緑色植物]
　　❿光合成　　⓫食物連鎖
❷ ❶温室効果　　❷紫外線

解答

1 (1) d
(2) 染色体
(3) (A→) C (→) E (→) B (→) D
(4) ❶ア ❷イ

2 (1) 精子
(2) 減数分裂
(3) C (→) A (→) D (→) B
(4) 発生
(5) 26本

解説

1

(1)(4) タマネギの根の先端近くで細胞分裂がさかんに
行われるので, **図3**は根の先端をふくむ**d**を観察し
たものである。先端近くで細胞分裂によってできた
ばかりの細胞は小さいが, その細胞が大きくなる
ことによって根がのびるため, 根の先端近くから離
れるほど, 細胞の大きさは大きくなり, 細胞分裂
が起こっている細胞は少なくなる。

(2)(3) 細胞分裂が始まると (**A**), 核の中にひも状の染
色体が現れ (**C**), 染色体が中央に集まり (**E**), 両
端に分かれて (**B**), 細胞の中央にしきりができる
(**D**)。

2

(1) 動物の雄がつくる生殖細胞は精子, 雌がつくる生
殖細胞は卵である。

(2)(5) 生殖細胞がつくられるときには減数分裂が行わ
れ, このとき染色体数が体細胞の半分になる。受
精によって染色体数はもとの数にもどる。よって,
雌のつくる卵の染色体数が13本のとき, 受精卵の
染色体数は26本である。

(3) 受精卵は細胞分裂を繰り返して細胞の数が多くな
り, しだいにカエルのすがたに近づいていく。

(4) 受精卵が細胞分裂を繰り返して親と同じすがたに
成長する過程を発生といい, 自分で食物をとり始
めるまでの間の子のことを胚という。

解答

1 (1) 二酸化炭素
(2) 食物連鎖
(3) D
(4) b
(5) イ

2 (1) 地球温暖化
(2) ウ
(3) イ

解説

1

(1) 気体**X**は, すべての生物から排出されているので,
呼吸によって排出される二酸化炭素とわかる。

(2) 食べる・食べられるの関係によるつながりを, 食物
連鎖という。

(3) **D**は生物の死がいや排出物などにふくまれる炭素を
とり入れていることから, 分解者である菌類・細菌類
である。

(4) 食物連鎖による炭素の移動が**A**→**B**→**C**の順にな
っていることから, **A**が植物 (緑色植物), **B**が草
食動物, **C**が肉食動物である。光合成を行うのは
植物で, このとき二酸化炭素をとり入れることか
ら, **b**が正解。**a**, **c**, **d**, **e**は, **A**〜**D**が呼吸を行
ったときに排出する二酸化炭素にふくまれる炭素
の移動を表す。

(5) **B** (草食動物) の数量が減少した場合, 食べられ
る量が減少した**A**の数量が増加し, えさの減少
によって**C**の数量が減少する。

2

(2) 地球温暖化の原因とされている二酸化炭素などは
温室効果ガスとよばれる。温室効果ガスには, 地
表から宇宙へ放射される熱の一部を地表へもどす
はたらきがある。

(3) 地球温暖化によって, 海水が膨張したり南極の氷
がとけたりして海水面が上昇するほか, 気候変動
が起こるとされている。地表に届く紫外線の量は,
フロンガスなどが原因で起こるオゾン層の破壊に
よって増加するとされている。

入試実戦 ▶▶1回目

①

解答

(1) ア…肺　イ…皮ふ (順不同)
(2) ハチュウ類
(3) ❶外骨格　❷エ

解説

(1) カエルは両生類で、子は主にえらで呼吸し、おとなは肺と皮ふで呼吸する。
(2) トカゲとカメはハチュウ類、メダカは魚類、ハトは鳥類、ウサギはホニュウ類である。
(3) ❶カブトムシやカニなどの節足動物は、からだの外側が外骨格でおおわれており、からだやあしには節がある。
　　❷イカやタコ、アサリなどの軟体動物の体には内臓を包みこむ外とう膜がある。クラゲはその他の無セキツイ動物、クモは節足動物のクモ類、バッタは節足動物の昆虫類である。

②

解答

❶食物連鎖　❷イ　❸ア　❹イ

解説

❶生物どうしの食べる・食べられるという関係のつながりを食物連鎖という。
❷～❹ウサギをキツネが食べることから、キツネは肉食動物であることがわかる。肉食動物は両目が正面についており、草食動物と比べて視野はせまいが、立体的に見ることのできる範囲は広いので、獲物までの距離を正確にはかることができる。

③

解答

(1) 4.0 (Ω)
(2) ❶ア　❷エ
(3) ウ

解説

(1) $\dfrac{8.0 \, [V]}{2.0 \, [A]} = 4.0 \, [Ω]$

(2) 電流を流し始めてからの時間が同じ場合、消費電力が大きいほど水の上昇温度は高くなる。電流を流し始めてからの時間が同じとき、水の上昇温度は電熱線 **b** よりも電熱線 **a** のほうが高いので、電熱線 **a** のほうが消費電力が大きいとわかる。また、電熱線 **a**、**b** の両端に加えた電圧が等しいことと、電力 [W] = 電圧 [V] × 電流 [A] より、電熱線 **b** よりも電熱線 **a** に流れた電流のほうが大きいことから、電熱線 **a** のほうが抵抗の値が小さい。

(3) **図2** より、電熱線 **a** の両端に加える電圧が8.0Vのとき、電流を流し始めてからの水の上昇温度は1分間あたり2℃である。電熱線 **a** の両端に加える電圧が8.0Vのとき、電熱線 **a** の消費電力は8.0 [V] × 2.0 [A] = 16 [W] で、電熱線 **a** の両端に加える電圧が4.0Vのとき、**a** を流れる電流は4.0 [V] ÷ 4.0 [Ω] = 1.0 [A] となり、電熱線 **a** の消費電力は4.0 [V] × 1.0 [A] = 4.0 [W] なので、電熱線 **a** の両端に加える電圧を4.0Vにすると、8.0Vのときと比べて1分あたりの水の上昇温度が $\dfrac{1}{4}$ 倍の0.5℃になる。実験2で、電流を流し始めてから x 分後に電圧を4.0Vに変えたとすると、
$2x + 0.5(8 - x) = 8.5$　　$x = 3$ [分]
よって、電圧を4.0Vに変えたのは、電流を流し始めてから180秒後である。

④

解答

(1) (例) ガラス管から空気が入って、銅と反応しないようにするため。
(2) $2CuO + C \rightarrow 2Cu + CO_2$
(3) 4:1
(4) 銅が4.80g、炭素粉末が0.30g
(5)

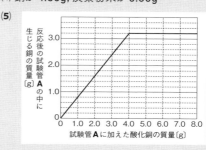

解説

(1) ガスバーナーの火を消したあとには、ガラス管から空気が入って、再び銅と酸素が反応しないよう

にするために，ピンチコックでゴム管をとめる。

(2) 試験管**A**では，酸化銅（CuO）と炭素（C）が反応して，銅（Cu）と二酸化炭素（CO_2）が生じる。

(3) **図2**より，加えた炭素粉末の質量が0gから0.45gまでは，炭素粉末の質量が増加するほど反応後の試験管**A**の中の物質の質量が減少し，加えた炭素粉末の質量が0.45g以上では，炭素粉末の質量が増加するほど反応後の試験管**A**の中の物質の質量も増加している。これより，加えた炭素粉末の質量が0.45gのときに酸化銅6.0gとちょうど反応して試験管**A**の中に残った物質4.8gはすべて銅であることがわかる。よって，銅と酸素が結びつく質量比は，$4.8 : (6.0 - 4.8) = 4 : 1$

(4) 加えた炭素粉末の質量が0.45g以上では，反応後の試験管**A**の中の物質にふくまれる銅の質量は4.80gで一定である。また，加えた炭素粉末のうち，0.45gをこえた分だけ未反応で残るので，$0.75 - 0.45 = 0.30$〔g〕の炭素粉末が残っている。

(5) 炭素粉末0.30gとちょうど反応する酸化銅の質量をxgとすると，
$0.30 : x = 0.45 : 6.0$　　$x = 4.0$〔g〕
炭素粉末0.30gすべてが酸化銅と反応して生じる銅の質量をygとすると，
$0.30 : y = 0.45 : 4.80$　　$y = 3.20$〔g〕
よって，原点と（4.0, 3.2）を結ぶ線分を引き，酸化銅の質量が4.0g以上では横軸に平行な直線を引く。

⑤

解答

(1) ❶**イ**　❷（例）地球の影に入る
(2) ❶ⓑ（→）ⓒ（→）ⓐ　❷**ウ**

解説

(1) ❶**ア**：月は太陽系の惑星ではなく，地球の衛星である。**ウ**：自ら光を出さず，太陽の光を反射して光り輝いている。**エ**：地球から見た月の形は約30日（29.5日）でもとの形にもどる。

❷月食は，一直線上に太陽・地球・月の順に並んだとき，地球の影に月が入り，月が隠される現象である。

(2) ❶星は，同じ日では1時間に15度東から西へ移動し，同じ時刻では1か月に30度東から西へ移動して見える。ⓑとⓒは同じ時刻で，ⓑよりもⓒのほうが西よりにおうし座が位置しているので，ⓑよりもⓒの観察した日が遅いとわかる。ⓐとⓒではおうし座の位置がほぼ同じだが，ⓒよりもⓐの時刻が2時間早いので，ⓐの観察をした日の午後9時にはおうし座はさらに西よりに位置しており，ⓒよりもⓐを観察した日が遅いとわかる。よって，観察した日の早い順から，ⓑ→ⓒ→ⓐである。

❷2か月で地球は約60度公転する。2か月で金星が公転する角度をx度とすると，
$360 : 0.62 = x : \dfrac{2}{12}$　　$x = 96.7\cdots$　より，約97度。よって，2か月後に地球と金星は次の図の色がある位置にあり，地球から金星までの距離は近くなるので，細長い形で大きく見える。

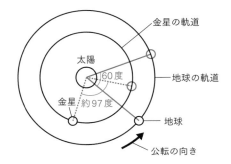

入試実戦 ▶▶2回目

①

解答

(1) ア

(2)（例）おしべとめしべが一緒に花弁に包まれているので，花粉が同じ花のめしべに付いて受粉する。

(3) a…イ　b…ア

(4)（丸形：しわ形＝）2：1

解説

(1)〔観察〕の結果から，エンドウの花弁は1枚1枚離れてついていること，葉脈が網目状に通っていること，胚珠が子房に包まれていることがわかるので，エンドウは被子植物の双子葉類，離弁花類に分類できる。アブラナはエンドウと同じ離弁花類である。ツユクサは被子植物の単子葉類，アサガオとタンポポは被子植物・双子葉類の合弁花類。

(2) **図2**より，エンドウのおしべとめしべは一部の花弁に包まれており，他の花の花粉がめしべの柱頭につきにくいつくりになっている。

(3) 丸形の種子をつくる純系のエンドウの種子の遺伝子の組み合わせはAA，しわ形の種子をつくる純系のエンドウの種子の遺伝子の組み合わせはaaなので，これらの生殖細胞の受精によってできた受精卵の遺伝子の組み合わせはAaのみである。対立形質をもつ純系どうしの交配によって得られる子に現れる形質は顕性形質なので，下線部①より，丸形は顕性形質である。

(4) 遺伝子の組み合わせがAaの個体の自家受粉によって得られる種子の遺伝子の組み合わせと数の比は，AA：Aa：aa＝1：2：1　となるので，下線部②の丸形の種子の遺伝子の組み合わせと数の比は，AA：Aa＝1：2　である。遺伝子の組み合わせがAAの個体としわ形の種子をつくる純系の個体（aa）を交配させて得られる種子の遺伝子の組み合わせと数の比は，AA：Aa：aa＝0：1×4：0　遺伝子の組み合わせがAaの個体としわ形の種子をつくる純系の個体（aa）を交配させて得られる種子の遺伝子の組み合わせと数の比は，AA：Aa：aa＝0：2×2：2×2　これらを合わせると，得られる種子の遺伝子の組み合わせと数の比は，

AA：Aa：aa＝0：8：4　よって，丸形：しわ形＝8：4＝2：1となる。

②

解答

(1) 運動…等速直線運動
作図…右図

図3

(2) 55（g）

(3) 図5

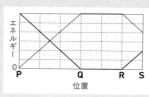

解説

(1) 一定の速さで一直線上を進む運動を，等速直線運動という。球**X**には，球の中心から下向きの重力がつねにはたらいており，水平なレールではレールから球**X**にはたらく垂直抗力とつり合っている。質量100gの物体にはたらく重力の大きさは1Nなので，質量20gの球**X**にはたらく重力の大きさは0.2Nで，垂直抗力の大きさも0.2Nである。よって，球**X**にはたらく垂直抗力は，球Xとレールの境界から上向きに2目盛り分の矢印で表す。

(2) **図2**より，球の高さが同じ場合，木片が動いた距離は球の質量に比例していることがわかる。質量20gの球**X**を，球の高さが10cmの位置から斜面にそって静かに転がした場合に木片が動いた距離は4cmなので，球**M**の質量をxgとすると，
$20：4＝x：11$　$x＝55$〔g〕

(3) 球とレールの間の摩擦や空気の抵抗は考えないものとするので，球Xがもつ力学的エネルギーは一定である。**図5**において，**P**点にあるときの球Xがもつ位置エネルギーは6目盛り分で，運動エネルギーは0なので，位置エネルギーと運動エネルギーの和（力学的エネルギー）がつねに6目盛り分となるように，運動エネルギーは増減する。

③

解答

(1) 気体 **A**…Cl_2　固体 **B**…Cu

(2) a…**ア**　b…**ア**

(3) （例）色のもとになる銅イオン（Cu^{2+}）が減ったから。

(4) 8.1 %

解説

(1)(2) 塩化銅水溶液中では，塩化銅（$CuCl_2$）が銅イオン（Cu^{2+}）と塩化物イオン（Cl^-）に電離している。電極Xは電源装置の＋極につながっているので陽極で，陰イオンである塩化物イオンが引きつけられる。塩化物イオンが電極X上で電子を放出して塩素原子（Cl）となり，塩素原子が2つ結びついて塩素分子（Cl_2）として気体**A**が発生する。塩素には脱色作用がある。電極**Y**は電源装置の－極につながっているので陰極で，陽イオンである銅イオンが引きつけられる。銅イオンが電極**Y**上で電子を受けとって銅原子（Cu）となり，固体**B**として付着する。

(3) 塩化銅は銅イオンによって青色をしている。電流が流れるほど水溶液中の銅イオンが銅原子になることから，銅イオンが少なくなり，水溶液の青色はうすくなる。

(4) 電極**Y**の質量が電流を流す前より1.0g増加していたことから，銅原子が1.0g生じたとわかる。塩化銅に含まれる銅と塩素の質量の比は10：11であることから，このとき発生した塩素の質量は1.1gで，このとき分解した塩化銅の質量は$1.0+1.1=2.1$〔g〕である。電流を流す前の10％塩化銅水溶液に含まれていた塩化銅の質量は，$100 \times \dfrac{10}{100} = 10$〔g〕なので，電流を流した後の塩化銅水溶液の質量パーセント濃度は，$\dfrac{10-2.1}{100-2.1} \times 100 = 8.06$…より，小数第2位を四捨五入して，8.1％。

④

解答

(1) **エ**

(2) （8時49分）6（秒）

(3) 16（秒後）

(4) **エ**

解説

(1) ❶地震が起こると，震源ではP波とS波が同時に発生するので，誤り。❷初期微動は伝わる速さが速いP波（縦波）によるゆれで，主要動は伝わる速さが遅いS波（横波）によるゆれであるので，正しい。❸震源からの距離が遠くなるほど初期微動継続時間は長くなるので，誤り。❹マグニチュードが大きくなると地震のエネルギーも大きくなるので，正しい。

(2) **A**，**B**地点の震源からの距離の差と主要動が始まった時刻の差から，S波が伝わる速さは，$\dfrac{72-60〔km〕}{4〔s〕} = 3$〔km/s〕　震源から地点**B**までS波が伝わるのにかかった時間は，$\dfrac{60〔km〕}{3〔km/s〕} = 20$〔s〕　よって，地震の発生時刻は，地点**B**で主要動が始まった8時49分26秒の20秒前である8時49分6秒。

(3) 緊急地震速報が届いた時刻は，地点**B**で初期微動が始まった8時49分21秒の4秒後である8時49分25秒。震源からの距離が105kmの地点にS波が伝わるのにかかる時間は，$\dfrac{105〔km〕}{3〔km/s〕} = 35$〔s〕　主要動が始まる時刻は，$8$時$49$分$6$秒$+35$秒$=8$時$49$分$41$秒　よって，緊急地震速報が届いてから主要動が始まるまでの時間は，8時49分41秒－8時49分25秒＝16秒

(4) 日本列島のプレートの境界付近では大陸プレートの下に海洋プレートが沈みこんでいるので，その境界に沿って，太平洋側から日本海側へ向かって深くなるように震源が分布している。よって，矢印**X**の向きから見たときの震源の分布は**ア**，矢印**Z**の向きから見たときの震源の分布は**ウ**である。**図1**より，□の部分では南側に震源が多く分布していることから，矢印**W**の向きから見たときの震源の分布は**エ**，矢印**Y**の向きから見たときの震源の分布は**イ**である。